일식복어 조리기능사 실기시험 끝장내기

합격 비법을 전수하는 완벽한 레시피

이 책의 특징

일식 요리에 대한 관심은 미디어뿐만 아니라 문화와 외식 산업, 그리고 가정에 이르기까지 점차 커지고 있으며, 이에 사명을 가진 일식조리사 또한 시대의 요구사항이 되었습니다. 그러나 일식 조리사가 되는 길은 절대 쉽지 않습니다. 일식·복어 조리사의 첫 관문인 국가자격시험 합격률은 30%대에 불과합니다. 그래서 ㈜성안당과 분야 최고의 저자가 모여 국가자격시험에 반드시 합격할 수 있도록 이 책을 만들었습니다. 2020년 최신출제기준을 완벽하게 반영한 자세한 과정컷과 정확한 설명, 수험자 유의사항, 유용한 Tip, 자세한 이론과 용어해설, 포켓북 등을 수록하여 일식조리기능사뿐만 아니라 복어조리기능사/산업기사/기능장까지 실기시험을 완벽하게 대비하여 합격할 수 있도록 구성하였습니다.

최신 출제 기준을 반영한
일식·복어조리기능사 실기

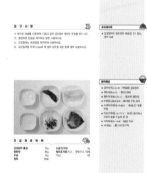

합격 노하우
수험자 유의사항 감독자 시선 Point

보다 정확하고 자세한
유용한 Tip

조리과정을 확인할 수 있는
자세한 과정컷과 정확한 해설

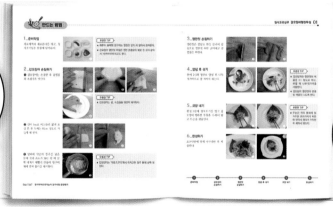

합격을 위한 보너스
합격 레시피 포켓북

㈜성안당의 〈일식·복어조리기능사 실기시험 끝장내기〉가
기초부터 마무리까지 완벽한 학습을 통해 합격의 꿈을 이뤄드립니다!

일식복어조리기능사
실기시험 끝장내기

2020. 5. 19. 초 판 1쇄 발행
2021. 1. 19. 개정 1판 1쇄 발행

저자와의
협의하에
검인생략

지은이 | 박종희
펴낸이 | 이종춘
펴낸곳 | **BM** ㈜도서출판 **성안당**

주소 | 04032 서울시 마포구 양화로 127 첨단빌딩 3층(출판기획 R&D 센터)
10881 경기도 파주시 문발로 112 파주 출판 문화도시(제작 및 물류)

전화 | 02) 3142-0036
031) 950-6300

팩스 | 031) 955-0510

등록 | 1973. 2. 1. 제406-2005-000046호

출판사 홈페이지 | **www.cyber.co.kr**

ISBN | 978-89-315-8089-1 (13590)

정가 | **25,000원**

이 책을 만든 사람들

책임 | 최옥현
기획·진행 | 박남균
교정·교열 | 디엔터
본문·표지 디자인 | 디엔터, 박원석
홍보 | 김계향, 유미나
국제부 | 이선민, 조혜란, 김혜숙
마케팅 | 구본철, 차정욱, 나진호, 이동후, 강호묵
마케팅 지원 | 장상범, 박지연
제작 | 김유석

■ 도서 A/S 안내

성안당에서 발행하는 모든 도서는 저자와 출판사, 그리고 독자가 함께 만들어 나갑니다.
좋은 책을 펴내기 위해 많은 노력을 기울이고 있습니다. 혹시라도 내용상의 오류나 오탈자 등이 발견되면 **"좋은 책은 나라의 보배"**로서 우리 모두가 함께 만들어 간다는 마음으로 연락주시기 바랍니다. 수정 보완하여 더 나은 책이 되도록 최선을 다하겠습니다.
성안당은 늘 독자 여러분들의 소중한 의견을 기다리고 있습니다. 좋은 의견을 보내주시는 분께는 성안당 쇼핑몰의 포인트(3,000포인트)를 적립해 드립니다.
잘못 만들어진 책이나 부록 등이 파손된 경우에는 교환해 드립니다.

새 출제기준·NCS 교육 과정 완벽 반영

일식복어
조리기능사 실기시험
끌장내기

박종희 지음
조리교육과정연구회 감수

BM (주)도서출판 성안당

저자 약력

박 종 희

세종대학교 조리외식경영학과 석·박사(조리학 박사)
現) 경민대학교 호텔외식조리과 교수
대한민국 일식 조리명인
Imperial Palace Hotel, Ritz Carlton Hotel, Intercontinental Hotel
Lotte Hotel, Park Hotel, JW Marriott Hotel 일식당 책임조리장 역임
일본 게이오 프라자호텔 연수
일본 교요리노다다키(미슐랭2) 연수
삼정 복어요리전문점 연수
세종대학교 평생교육원, 신한대학교, 연성대학교, 혜전대학교, 수원여자대학교, 동우대학교, 대전보건대학교 외래교수
삼성웰스토리 사장단 및 임원진 일식조리 특강
삼성웰스토리 요리대회 심사위원
알래스카 요리경연대회 입상
홍콩국제요리대회 Black Box 부문 은메달 수상
대한민국 국제요리경연대회 금메달 수상
대한민국 조리기능장
현) 서울, 경기지역 조리기능사·기사·기능장 실기위원(일식조리, 복어조리) 감독위원
현) 일식, 복어조리 기능사, 기사, 기능장 검토위원 및 출제위원
현) 일식, 복어 국가직무능력 표준(NCS) 현장 전문가 위원
현) 일식, 복어 국가직무능력 표준(NCS) 집필위원
현) 대한민국 국제요리경연대회 심사위원
현) 월드푸드챔피언십 심사위원
현) 한국관광공사 호텔등업심사 평가위원
현) 학교안전 전문 강사
현) 조리명장 심사 평가위원
현) 일본요리연구회 한국지부 부회장

방송출연
SBS 생활의 달인 출연(일식 新 4대 문파)
KBS 세상의 아침
KBS2 생생정보 출연
MBC 화제집중, 정보토크 팔방미인
인천방송 "TV요리천국" 출연

감수위원 : 조리교육과정연구회

김호석　가톨릭관동대학교 조리외식경영학전공 학과장
박종희　경민대학교 호텔외식조리과 교수
장명하　대림대학교 호텔조리과 전임교수
한은주　한국폴리텍대학 강서캠퍼스 외식조리과 교수

이 책을 펴내면서

세상에 수많은 직업과 사람들이 있다. 그중에서 나는 무엇을 업(業)으로 한 번뿐인 인생(人生)을 멋지고 아름답게 장식할 것인가? 나는 무엇을 통해서 세상에 명성(名聲)을 날리고 돈을 벌 것인가? 생각하지 않을 수 없다. 그중에서 자신이 좋아하고 잘하는 일을 하는 사람은 성공(成功)과 행복(幸福)을 자기편으로 만들 확률이 훨씬 높다. 21C 트랜드인 하비-프러너(Hobby-Preneur)라고 자신의 취미가 곧 직업인 시대이다. 자신이 좋아하고 잘하는 일을 하면 자연히 돈은 따라오고 행복도 따라오지 않을까?

그중에서 조리사의 길은 결코 쉬운 길이 아니다. 성공하기까지는 권력과 명예가 따라오는 것이 아닌 철저한 자기관리로 인내(忍耐)와 노력(努力)이 요구되는 길이다. 세계적인 축구스타 손흥민 선수가 자기가 축구를 잘하는 타고난 재능과 능력이 있더라도 매일같이 반복적인 훈련과 더 나은 성과를 위해서 인내하면서 배움과 최선의 노력하고 있기 때문이다. 이처럼 우리가 집중해서 하루하루 최선을 다해서 살아서 사명(使命)을 다 한다는 것은 참으로 아름다운 일이다.

조리사는 인간생활의 3가지 기본요소로 의식주(依食住) 중에 제일 중요한 것 중에 하나로 살아가는데 필수적으로 먹지 않으면 살 수 없으며, 이제는 배불리 먹는 것에 만족하지 않고 음식은 하나의 그 사회의 문화적인 품격이자 예술작품이면서 사람마다 무엇을 먹는 것에 따라서 건강과 경제력의 품격이 달라지기도 한다. 또한, 우리나라에서는 된장이 양식에서는 토마토 페이스트가 같은 역할을 하고, 힌두교에서는 소를 이슬람교에서는 돼지고기를 먹지 않듯이 그 나라의 음식을 제대로 알려면 그 나라의 전통이 녹아 있는 역사(歷史)와 전통음식의 역사를 먼저 알아야 한다.

일식조리(와쇼쿠죠리:わょくちょうり:日式調理)의 기본요소는 물, 불, 소금, 칼이라 할 수 있다. 그래서 눈으로 먹는 일식조리의 창조와 예술품으로 승화할 수 있는 칼의 요리가 바로 일식조리라고 생각한다. 칼과 같이 일본인들은 요리함에서도 예의와 절도를 중요시한다.

일본에서는 경력단계를 어느 직업이나 3, 5, 7, 9, 11의 수로 구분하는데, 3은 처음 조리사로 입문해서 군소리 없이 빗자루와 걸레만 들고 일하는 단계로 이렇게 3년의 세월이 지나면 비로소 자기 칼을 잡고 기초를 닦기 시작한다. 5년이 되면 생선을 다루기 시작하고, 7년이 되면 불을 다루는 방법을 배우고, 9년이 되면 처음부터 끝까지 도맡아 책임을 진다. 이렇게 하여 11년이 되어야 비로소 명실공히 프로로 인정을 받는다. 그리고 30년은 지나야 명장 정도의 대우를 받게 된다. 이렇듯 한 가지의 기술을 배운다는 것은 하루아침에 이뤄지는 것이 아니라 튼튼한 기초 위에 끊임없는 피와 땀으로 얼룩진 노력의 결과인 것이다.

일본에서는 기본과 기초를 중요시한다. 그러한 일본 힘의 원천은 게이코(稽古) 정신으로 "옛일을 상고한다"는 뜻으로 옛날부터 일본은 다도(茶道), 무도(武道), 서도(書道)를 비롯하여 가부키(歌舞伎) 등의 예기(藝妓)나 요리와 꽃꽂이 등을 배우고 익히는 총칭하는 뜻으로 남에게 피해를 주지 않으면서 오직 자기만의 길을 단계별로 끊임없이 연마하고 수련하여 완벽하게 습득한 다음 독창성을 바탕으로 재창조하는 것이 바로 일본이 강대국이 된 원천이라 할 수 있다. 일본에서 일을 배우는 데에서 적당함이나 요령을 피우지 않는 모든 일에 기본과 기초를 중요시한다. 옛날 무사수련에서도 수(守), 파(破), 리(離)의 3단계를 무사라면 반드시 거쳐야 했다. 첫 단계인 수(守)는 "가르침을 그대로 지킨다"는 뜻으로 무사가 되려는 자가 처음 입문하여 3~5년간은 선배와 스승의 가르침에 무조건 그대로 지키는 것을 말하며, 두 번째 단계인 파(破)는 "깨뜨리다"는 뜻으로 선배와 스승으로부터 배운 무예를 5~8년간 끊임없이 연마하면서 자기만의 창조적인 무예를 만드는 과정이다. 이때 자만하거나 자질이 없는 자로 평가받으면 무예의 길을 접어야 했다. 세 번째 단계인 리(離)는 "뛰어넘는다"는 뜻으로 10~15에 걸친 무예의 완성단계로 이때가 되어서야 청출어람(靑出於藍)하여 스승의 곁을 떠날 수가 있었다. 이처럼 훌륭한 조리사가 되려면 철저한 기본과 기초 속에 장인정신으로 장시간의 노력 끝에 훌륭한 조리사로 태어나는 것이다. '이것만은 내가 최고다'하는 자신만의 무기(역량)를 만들어야 이 험한 세상에서 빛을 발하지 않을까?

박종희 씀

일식복어 조리기능사 실기시험 끝장내기

● C O N T E N T S

● C O N T E N T S

복어조리 기초이론

복어조리기능사/산업기사/기능장 실기 과제

부록

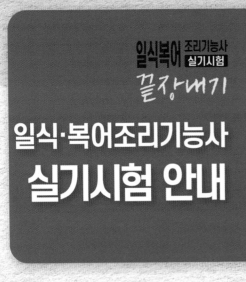

일식·복어조리기능사 실기시험 안내

1 **자격명** : 일식조리기능사·복어조리기능사

2 **영문명** : Craftsman Cook Korean Food

3 **관련부처** : 식품의약품안전처

4 **시행기관** : 한국산업인력공단(http://q-net.or.kr)

　※ 과정평가형 자격 취득 가능 종목

5 **시험수수료**

[일식조리기능사]

- 필기 : 14,500원　　　● 실기 : 26,900원

[복어조리기능사]

- 필기 : 14,500원　　　● 실기 : 35,100원

6 **출제경향**

- 요구사항의 내용과 지급된 재료로 요구하는 작품을 시험시간 내에 만들어 내는 작업
- 주요 평가내용 : 위생상태 및 안전관리, 조리기술(재료 손질, 기구 취급, 조리하기 등), 작품의 평가, 정리 정돈 등

7 **시행처** : 한국산업인력공단

8 **시험과목**

- 국가기술자격의 현장성과 활용성 제고를 위해 국가 직무능력표준(NCS)를 기반으로 자격의 내용(시험과목, 출제기준 등)을 직무 중심으로 개편하여 시행합니다.(적용시기 2020.1.1.부터)

9 **2021년도 복어조리기능사 변경사항**

과제명	시험문제 요구사항	
	변경전	변경후
복어죽 (조우스이)	나-5) 죽은 밥을~만들고, 달걀은 완성 전에 넣어 섞어주고~	나-5) 죽은 밥을~만들고, 실파와 달걀은 완성 전에 넣어 섞어주고~

[일식조리기능사 실기시험]

과목명	활용 NCS 능력단위	NCS 세분류
일식 조리실무	일식 위생관리	일식·복어조리
	일식 안전관리	
	일식 기초 조리실무	
	일식 무침조리	
	일식 국물조리	
	일식 조림조리	
	일식 면류조리	
	일식 밥류조리	
	일식 초회조리	
	일식 찜조리	
	일식 롤 초밥조리	
	일식 구이조리	

[복어조리기능사 실기시험]

과목명	활용 NCS 능력단위	NCS 세분류
복어조리실무	복어위생관리	일식·복어조리
	복어 기초조리실무	
	복어 부재료 손질	
	복어 양념장 준비	
	복어 껍질 초회조리	
	복어 죽조리	
	복어 안전관리	
	복어 재료관리	
	복어 회 국화모양 조리	

9 **검정방법** : ● 필기 : 객관식 4지 택일형, 60문항 (60분)

　　　　　　　● 실기 : 일식 – 작업형(70분 정도) / 복어 – 작업형(1시간 정도)

10 **합격기준** : 100점 만점에 60점 이상

수험자 지참 준비물

1 2021년 일식/복어조리기능사 지참준비물

번호	재료명	규격	단위	수량	비고
1	강판	−	EA	1	
2	거품기(Whipper)	−	EA	1	자동 및 반자동 제외
3	계량스푼	−	EA	1	
4	계량컵	−	EA	1	
5	국대접	−	EA	1	
6	국자	−	EA	1	
7	냄비	−	EA	1	시험장에도 준비되어 있음
8	다시백	−	EA	1	
9	도마	흰색 또는 나무 도마	EA	1	시험장에도 준비되어 있음
10	랩	−	EA	1	
11	면보	−	장	1	
12	밥공기	−	EA	1	
13	볼(Bowl)	−	EA	1	시험장에도 준비되어 있음
14	비닐팩	위생백, 비닐봉지 등 유사품 포함	장	1	
15	상비의약품	손가락골무, 밴드 등	EA	1	
16	쇠조리(혹은 체)	−	EA	1	
17	숟가락	−	EA	1	
18	앞치마	흰색(남녀 공용)	EA	1	* 위생복장(위생복, 위생모, 앞치마)을 착용하지 않을 경우 채점 대상에서 제외(실격) *
19	위생모 또는 머리수건	흰색	EA	1	* 위생복장(위생복, 위생모, 앞치마)을 착용하지 않을 경우 채점 대상에서 제외(실격) *
20	위생복	상의 − 흰색/긴소매, 하의 − 긴바지(색상 무관)	벌	1	*위생복장(위생복, 위생모, 앞치마)을 착용하지 않을 경우 채점 대상에서 제외(실격) *
21	위생타올	행주, 키친타올, 휴지 등 유사품 포함	장	1	
22	이쑤시개	−	EA	1	
23	젓가락		EA	1	
24	종이컵	−	EA	1	
25	주걱		EA	1	
26	채칼(Box Grater)	−	EA	1	시저샐러드용으로만 사용
27	칼	조리용 칼, 칼집 포함	EA	1	눈금표시칼 사용 불가
28	테이블스푼		EA	2	숟가락으로 대체 가능
29	포일	−	EA	1	
30	후라이팬	−	EA	1	시험장에도 준비되어 있음

※ 지참 준비물의 수량은 최소 필요 수량으로 수험자가 필요시 추가 지참 가능합니다.

※ 길이를 측정할 수 있는 눈금 표시가 있는 조리기구는 사용 불가합니다.

※ 지참 준비물은 일반적인 조리용을 의미하며, 기관명, 이름 등 표시가 없는 것이어야 합니다.

※ 지참 준비물 중 수험자 개인에 따라 과제를 조리하는 데 불필요한 조리기구는 지참하지 않아도 무방합니다.

※ 수험자 지참 준비물 이외의 조리기구를 사용한 경우 채점 대상에서 제외(실격)됩니다.

앞치마 착용 방법

1 앞치마를 바로 펴서 재봉선 넓이만큼 한번 접어서 허리 양쪽 골반에 기준을 잡아준다.

2 끈을 뒤로 넘겨 척추 꼬리뼈 쪽에서 교차시킨다.

3 2번의 교차시킨 앞치마 끈을 앞쪽으로 당겨 가져온다.

4 오른손잡이일 경우 왼쪽 옆구리에 왼손잡이일 경우 오른쪽 옆구리에 가깝게 끈을 교차시킨다.

5 교차시킨 앞치마 끈을 한 번 묶고 다시 한번 더 묶어준다.

6 앞치마 끈 중 긴 끈을 리본 모양으로 여러 번 겹쳐 만든다.

7 남은 하나의 끈을 안쪽으로 말듯이 하여 여러 번 감싸준다.

8 남은 끝을 이용하여 여러 번 말고 사진처럼 만든다.

9 남은 끝을 안쪽으로 하여 착용을 사진처럼 완료한다.

10 위생복 착용 완료한 뒷모습

11 위생복 착용 완료한 앞모습

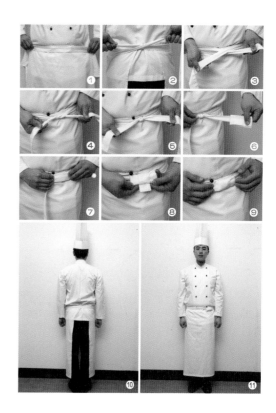

위생복 착용과 조리모·등 번호표 착용 방법

1 위생복은 단정하게 입고 장신구는 착용하지 않으며 위생모는 머리 크기만큼 조절하여 클립으로 고정하거나 스테임플러로 완전히 고정하는 것도 좋다. 위생모는 가운데 접혀 있는 부분이 코끝에 오도록 하며 앞머리가 나오지 않게 착용하고 여성인 경우, 긴 머리는 반드시 머리망을 착용하고 단정하게 하여 개인위생 감점을 받지 않도록 유의한다.

2 등 번호판 착용은 등 가운데 오게 잘 보이도록 착용한다.

3 시험 보기 전에 조리도구 세팅은 편리하게 사용하도록 쓰기 편한 자리에 세팅한다.

개인위생상태 및 안전관리 세부기준 안내

1️⃣ 개인위생상태 세부기준

순번	구분	세부기준
1	위생복	• 상의 : 흰색, 긴소매(※ 티셔츠는 위생복에 해당하지 않음) • 하의 : 색상무관, 긴바지 • 짧은 소매, 긴 가운, 반바지, 짧은 치마, 폭넓은 바지 등 안전과 작업에 방해가 되는 모양이 아니어야 하며, 조리용으로 적합할 것
2	위생모	• 흰색 • 일반 조리장에서 통용되는 위생모
3	앞치마	• 흰색 • 무릎아래까지 덮이는 길이
4	위생화 또는 작업화	• 색상 무관 • 위생화, 작업화, 발등이 덮이는 깨끗한 운동화 • 미끄러짐 및 화상의 위험이 있는 슬리퍼류, 작업에 방해가 되는 굽이 높은 구두, 속 굽 있는 운동화가 아닐 것
5	장신구	• 착용 금지 • 시계, 반지, 귀걸이, 목걸이, 팔찌 등 이물, 교차오염 등의 식품위생 위해 장신구는 착용하지 않을 것
6	두발	• 단정하고 청결할 것 • 머리카락이 길 경우, 머리카락이 흘러내리지 않도록 단정히 묶거나 머리망 착용할 것
7	손톱	• 길지 않고 청결해야 하며 매니큐어, 인조손톱부착을 하지 않을 것

※ 개인위생 및 조리도구 등 시험장 내 모든 개인물품에는 기관 및 성명 등의 표시가 없어야 합니다.

※ 위생복, 위생모, 앞치마 미착용 시 채점 대상에서 제외됩니다.

【 위생복, 위생모, 앞치마(이하 위생복) 착용에 대한 기준 】
  ① 위생복 미착용 → 실격(채점대상 제외) 처리
  ② 유색의 위생복 착용 → "위생상태 및 안전관리" 항목 배점 0점 처리
    ※ 위생복을 착용하였더라도 세부기준을 준수하지 않았을 경우 감점 처리

2️⃣ 안전관리 세부기준

1. 조리장비·도구의 사용 전 이상 유무 점검

2. 칼 사용(손 빔) 안전 및 개인 안전사고 시 응급조치 실시

3. 튀김기름 적재장소 처리 등

채점기준표

1 실기시험 채점기준표

계산 방법

(실기시험 2가지× 45점) + (개인위생 3점, 조리(식품)위생·안전·정리정돈 7점) = 100점 만점 중 60점 합격

주요항목	세부항목	내용	배점	비고
위생상태	개인위생	위생복을 착용하고 개인 위생상태(두발, 손톱 상태)가 좋으면 3점, 불량하면 0점	3	공통배점
	조리위생	재료와 조리기구의 위생적 취급	4	과제별 배점
조리기술	재료손질	재료 다듬기 및 씻기	3	
	조리조작	썰기, 볶기, 익히기 등	27	
작품평가	작품의 맛	너무 짜거나 맵지 않도록	6	
	작품의 색	너무 진하거나 퇴색되지 않도록	5	
	그릇 담기	전체적인 조화 이루기	4	
마무리	정리정돈	조리기구, 싱크대, 주위 청소 상태가 양호하면 3점, 불량하면 0점	3	공통배점

※ 일식·복어조리기능사 실기에서 다음과 같은 경우에는 채점대상에서 제외된다.

가) 기권 수험자 본인이 시험 도중 시험에 대한 포기 의사를 표현하는 경우

나) 실격
(1) 가스레인지 화구 2개 이상(2개 포함) 사용한 경우
(2) 불을 사용하여 만든 조리작품이 작품특성에 벗어나는 정도로 타거나 익지 않은 경우
(3) 위생복, 위생모, 앞치마를 착용하지 않은 경우
(4) 지정된 수험자지참준비물 이외의 조리기구를 사용한 경우
(5) 시험 중 시설·장비(칼, 가스레인지 등) 사용 시 시험위원 및 타수험자의 시험 진행에 위해를 일으킬 것으로 시험위원 전원이 합의하여 판단한 경우

다) 미완성
(1) 시험시간 내에 과제 두 가지를 제출하지 못한 경우
(2) 문제의 요구사항대로 과제의 수량이 만들어지지 않은 경우

라) 오작
(1) 구이를 조림 등으로 조리하여 완성품을 요구사항과 다르게 만든 경우
(2) 해당 과제의 지급재료 이외의 재료를 사용하거나 석쇠 등 요구사항의 조리도구를 사용하지 않은 경우

마) 기타 요구사항에 표시된 실격, 미완성, 오작에 해당하는 경우

일식복어 조리기능사 실기시험

끝장내기

실기시험 응시 전 준비사항

1 수험표를 출력하여 정해진 실기시험 일자와 장소, 시간을 정확히 확인한 후 시험 40분 전에 수검자 대기실에 도착하여 긴장을 풀기 위하여 화장실에 다녀온 후 대기실에서 기다린다.

2 시험시작 20분 전에 가운과 앞치마, 모자 또는 머리수건(백색)을 단정히 착용한 후 준비요원의 호명에 따라 수험표와 주민등록증을 제시하여 본인임을 확인받고 등번호를 직접 안내에 따라 뽑은 후 등부분에 핀을 이용하여 꽂는다.

3 준비요원의 안내에 따라 실기시험장에 입실하여 자신의 등번호 위치의 조리대에 위치한다.

4 자신의 등번호와 같은 조리대에 개인 준비물을 꺼내놓고 정돈하면서 준비요원의 지시에 따라 시험 볼 주재료와 양념류를 확인하고 조리도구를 점검한다.

5 조리대 위에 있는 실기시험문제를 확인한 후 심호흡을 길게 하여 심신을 안정시킨다.

6 본부요원의 지시없이 임의대로 시작하지 않도록 하고 앞에서 말씀하시는 주의사항을 잘 듣고 실기시험에 응하도록 한다.

7. 시험에 필요한 도구 미지참 시 본부요원에게 말해 도구를 대여한다.

8. 재료지급 목록표와 지급된 재료를 비교, 확인하여 부족하거나 상태가 좋지 않은 재료는 손을 들어 의사표시를 한 뒤 즉시 교체받도록 한다.

9. 주어진 과제의 요구사항을 꼼꼼히 읽은 후 시험에서 요구하는 대로 작품을 만들어 정해진 시간 안에 등번호와 함께 정해진 위치에 제출한다.

10. 작품을 제출할 때는 반드시 시험장에서 제시된 그릇에 담아낸다.

11. 시험 도중에 옆 사람과 말을 하면 부정행위로 간주하고 퇴실을 당할 수 있으므로 어떠한 대화도 하지 않도록 한다.

12. 정해진 시간 안에 작품을 제출하지 못했을 경우 시간초과로 채점대상에서 제외한다.

13. 요구작품은 2가지며, 1가지 작품만 만들었을 때에는 미완성으로 채점대상에서 제외된다.

14. 시험에 지급된 재료 이외 미리 준비해간 재료를 사용해선 안 되고, 작업 도중 음식의 간을 보면 (2점) 감점된다.

15. 불을 사용하여 만든 조리작품이 익지 않았을 경우에는 미완성으로 채점대상에서 제외된다.

16. 가스렌지 화구를 2개 사용한 경우는 채점대상에서 제외되므로 1개의 화구를 사용한다.

17. 작품을 제출한 후 조리대, 씽크대 및 가스렌지 등을 깨끗이 청소하고, 음식물과 일반쓰레기는 따로 분리수거하도록 하며, 사용한 기구들도 다음 수험자를 위하여 깨끗이 제자리에 배치한다.

18. 시험 도중 시설과 장비(칼, 가스레인지 등)의 사용이 타인에게 위협이 될 사항이 발생하여 감독위원 전원이 합의하여 판단한 경우 실격처리 된다.

19. 혹, 감독위원과 눈이 마주치게 되면 무서워하거나 떨지 말고 가벼운 목례로 예의 있는 행동을 한다.

20. 시험에 자주 떨어져 감독위원이 눈에 익더라도 인사를 하거나 말을 하면 안 된다.

일식복어 조리기능사 실기시험
끝장내기

일식조리의 개요

계량 방법 익히기

1. 한국에서 사용하는 계량 방법

1작은술(1ts, tea spoon) = 5㎖

1큰술(Ts, Table spoon) = 15㎖

1큰술(Ts) = 3 작은술(ts) = 15㎖

1컵(C, cup) = 200㎖ = 13 1/3 큰술(Ts)

2. 서양에서 사용하는 계량 단위

4Ts = ¼C

1컵 = 16Ts = 240㎖

1컵 = 8온스 = ¼쿼트(qt, quart) = ½파인트(pt)

1갤런(gal, gallon) = 16컵 = 128온스 = 3.8ℓ = 4쿼트(qt)

1파인트(pt, pint) = 0.47ℓ

※ 영국에서는 1pt = 0.57ℓ

1온스(oz, ounce) = 28.35g

1파운드(lb, pound) = 16온스 = 450g

일러두기

이 책은 일식, 복어조리기능사 국가기술 자격증획득 및 NCS 국가직무능력표준 역량을 위한 지식, 기술, 태도를 확립하는 계기가 되도록 최선을 다해 작성했습니다.

일본어의 히라가나와 가타가나 한글 대조표

한글읽기	카타카나	히라가나
아이우에오	アイウエオ	あいうえお
카키쿠케코	カキクケコ	かきくけこ
사시스세소	サシスセソ	さしすせそ
타치츠테토	タチツテト	たちつてと
나니누네노	ナニヌネノ	なにぬねの
하히후헤호	ハヒフヘホ	はひふへほ
마미무메모	マミムメモ	まみむめも
야 유 요	ヤ ユ ヨ	やゆよ
라리루레로	ラリルレロ	らりるれろ
와 오	ワ ヲ	わ お
ㄴ, ㅇ, ㅁ	ン	ん
가기구게고	ガギグゲゴ	がぎぐげご
자지즈제조	ザジズゼゾ	ざじずぜぞ
다지즈데도	ダヂヅデド	だぢづでど
바비부베보	バビブベボ	ばびぶべぼ
파피푸페포ㅁ	パピプペポ	ぱぴぷぺぽ
캬 큐 쿄	キャキュキョ	きゃきゅきょ
갸 규 교	ギャギュギョ	ぎゃぎゅぎょ
샤 슈 쇼	シャシュショ	しゃしゅしょ
자 주 조	ジャジュジョ	じゃじゅじょ
차 츄 쵸	チャチュチョ	ちゃちゅちょ
자 주 조	ヂャヂュヂョ	ぢゃぢゅぢょ
냐 뉴 뇨	ニャニュニョ	にゃにゅにょ
햐 휴 효	ヒャヒュヒョ	ひゃひゅひょ
뱌 뷰 뵤	ビャビュビョ	びゃびゅびょ
퍄 퓨 표	ピャピュピョ	ぴゃぴゅぴょ
먀 뮤 묘	ミャミュミョ	みゃみゅみょ
랴 류 료	リャリュリョ	りゃりゅりょ

일본어 발음표기

ん	ん 뒤에 오는 행	발음	예
	ぱばま	ㅁ	さんぽ – 삼포 – 산책
ん	ただささざなら	ㄴ	おんな – 온나 – 여자
	あかがはやわ	ㅇ	かんこく – 캉코쿠 – 한국

つ	つ 뒤에 오는 행	발음	예
	か	ㄱ	がっこう – 학교 – 각코우
つ	た	ㄷ	ほってん – 발전 – 핫텡
	ぱ	ㅂ	いっぱい – 한잔 – 입파이

※ 일본어의 표기법은 위의 표를 기준으로 하였으니 참고하시기 바랍니다.

※ 모든 요리의 양은 1인분을 기준으로 만들었습니다.

※ 재료의 양은 계량컵이나 계량스푼으로 정확히 재야합니다.

01 일식조리의 개요

※ 일식조리(와쇼쿠쵸리 : わょくちょうり : 日式調理)

일본은 만세일계(萬世一系)인 천황을 배놓고는 이해할 수 없는 나라이다. 얼마 전 일본은 126대 나루히토(德仁) 천황이 즉위식을 했는데, 일본 헌법1조는 '텐노(天皇)는 일본국의 상징이며 일본 국민 통합의 상징으로서 그 지위는 주권을 가진 일본 국민의 총의로부터 나온다.'라고 되어있다. 1조에서 8조까지 천황에 대한 내용으로 그 나라의 음식을 알려면 그 나라의 역사(歷史)와 문화(文化) 속에 녹아있는 국민성이나 지리적인 특징 등을 알아야 제대로 알 수가 있다.

우리나라와 가장 가까우면서도 먼 이웃이라 여기는 일본(日本)의 경제력은 세계 2~3위를 유지하며, 지역적인 특징은 사면이 바다로 전체면적은 37.8만 평방 km에 큰 4개의 섬[홋카이도(北海道), 혼슈(本州) 시코쿠(四國), 큐슈(九州)과 6,852개의 섬으로 동북아시아에 위치한 해양성 기후를 가지고 있다.

일식조리(와쇼쿠쵸리 : わょくちょうり : 日式調理)는 12~16세기에 성립되어서 17~18세기에 이르러 완성된 것으로 알려졌고, 일식조리의 특징은 신선도와 한발 앞선 계절감으로 음식의 맛과 색, 조화를 중요시하며 생선회나 초밥과 같이 재료가 지닌 그 자체의 맛을 최대한 살릴 수 있는 조리 방법과 담는 그릇도 자연적인 소재와 계절에 따라서 도자기, 유리그릇, 대나무, 칠기 등을 이용한 장인기술로 눈으로 먹는다 할 미(美)적인 요리와 다양한 행사요리, 전통요리 등이 발달하였다.

02 일식조리의 역사

1 고대 전기

1) 구석기 시대 : BC 35,000~14,000

일본은 대륙과 연결되어 있다가 약 1만 년 전에 빙하가 녹기 시작하면서 해수면의 상승으로 인하여 섬으로 분리되었다.

2) 조몬 시대(繩文時代) : BC 14,000~300

일본 역사의 흐름은 크게 구석기시대로부터 고대 전기, 고대 후기, 중세, 근세, 근대 현대 시대로 구분합니다. 일본 지역의 사람들은 기후 변화로 인하여 섬에 고립되자 독자적인 생활과 문화를 형성 해 나가는 시기인 조몬 시대(繩文時代)는 패총(貝塚)이나 석기시대 일본의 가장 오래된 토기로서 표면에 새끼줄의 무늬가 있는 승문식(繩文式) 토기나 약 2000년 고대 일본에서 사용되었던 토기로서 도쿄의 야요이마치(弥生町)에서 발견된 미생식(彌生式) 토기를 사용해서 생식과 재료를 용기에 끓이거나 구워 먹었다는 것을 알 수 있고, 곡물류를 중심으로 채소류, 어패류, 해조류, 새와 짐승 등의 고기를 먹었다.

3) 야요이 시대(弥生時代) : BC 300~AD 250

수렵과 채집 활동에서 중국으로부터 벼농사가 전래되면서 자그마한 국가들이 생겨나기 시작하였다. 실질적인 농경사회의 시작으로 풍부한 식재료를 사용해서 주식과 부식이 분리되었고, 쌀로 죽의 형태를 먹거나 술이나 엿도 만들었고, 발효식품과 건조에 의한 보존법이 등장하기 시작하였다.

4) 야마토 시대(大和時代) : AD 250~538

긴키지역(지금의 나라현)에서 일본 최초 통일국가인 호족들의 연합정권인 야마토 정권이 생겨났다. 이 시대는 백제로부터 538년 불교, 유교, 한자와 같은 문물들이 전파되었다. 귀족(貴族)과 농노(農奴)의 계급이 분명한 시대로 농업이 촉진되고, 밭의 소유가 시작되면서 농업이 촉진됨과 동시에 식물(食物)의 가공과 감주(甘酒)나 탁주 (濁酒) 등의 발효품이나 간장의 본체인 히시오(ひしお : 醬) 등을 사용하였다.

5) 아스카 시대(飛鳥時代) : AD 538~710

673년 덴무텐노는 후한서에 국호를 왜라는 이름 대신 일본으로 바꾸어 칭하고 군주가 처음으로 천황으로 승진했다.

6) 나라 시대(奈良時代) : AD 710~794

673년 덴무텐노는 후한서에 국호를 왜라는 이름 대신 일본으로 바꾸어 칭하고 군주가 처음으로 천황으로 승진했다. 당나라와의 정식 국교가 600년부터 시작되면서 모든 부분에서 당나라의 모방으로 큰 변화가 있었던 시기로 그로 인해 중국풍의 요리가 상류사회의 식생활에 유행하게 되면서 정치, 경제. 문화 등에 영향을 주었다. 그러나 불교의 영향으로 675년에는 육식(肉食)을 일절 먹는 것을 금지하면서 몰래 들판 등에서 구워 먹은 전골냄비(스키야키 : すきやき) 등이 탄생하는 배경이 되었다. 또한, 생선은 날것으로 먹기도 하고, 밥과 소금을 넣어서 발효시킨 것과 매실에서 식초를 얻고, 향신료인 고추냉이, 생강순과 조미료인 설탕, 참기름 등을 사용하였다.

2 고대 후기

1) 헤이안 시대 (平安時代) : 794년~1192년

794년 절대 권력자인 후지와라 씨를 중심으로 한 궁정귀족문화가 화려하게 꽃핀 시대로 이때 일본의 수도를 교토(京都)로 정하고, 당나라와의 빈번한 교류로 향응상(쿄오우젠 : 饗應膳)의 형식이나 연중행사인 오절구(五節句) 등의 각종 계절행사 요리도 정해진 일본요리의 기초가 확립되었다. 나라 시대에 채택된 중앙집중화 정부체계를 갖춘다. 중국의 사절단 파견이 894년에 중지됨으로써 일본의 독자적인 문화로 변해가는 계기가 되어 일본의 글자인 히라가나와 가타카나가 탄생하고, 후반에는 군인 가운데 권력을 가진 사무라이가 탄생하게 되었다.

※ 일본의 오절구(五節句)

① 성인의 날 → (진지츠 : じんじつ : 人日) 1월 7일
② 여자 어린이날 → 여자 아이들을 위해 인형을 장식하는 삼진날인 모모노셋쿠(もものせっく : 桃の絕句) 또는 히나마츠리(ひなまつり) 3월 3일
③ 어린이날 → 단오인 탄고 (たんご : 端午) 5월 5일
④ 칠석날 → 타나바타(たなばた : 七夕) 음력 7월 7일 : 1年에 한 번 직녀와 견우성이 만나는 것을 제사 지내며 여자의 수예 솜씨가 좋아지길 기원하는 행사
⑤ 중앙절 → 죠요유우(ちょうよう : 重陽) 또는 키쿠노셋쿠(きくのせっく : 菊の鈲句) : 9월 9일

3 중세

1) 가마쿠라 시대(鎌倉時代) : 1192~1333년

상왕과 덴노의 갈등으로 촉발된 겐페이 전쟁에서 승리한 미나모토 가문의 수장 미나모토 요리토모가 최초의 쇼군이 된다. 중국과 불교의 영향으로 정진요리(쇼진료리 : しょうじんりょうり : 精進料理)와 보차요리(후챠료리 : 普茶料理 : ふちゃりょうり)가 발달하고, 약 150년간 무인(武人)들이 실권을 잡은 시대로 질실강건(質實剛健)을 제일로 하여 요리도 소박하고 단순하며 전시식(戰時食)이나 삼식주의가 실시되었고, 일식조리가 발달한 시기였다. 1333년 덴노와 반 막부 세력이 막부를 공격해 호죠가문을 죽이면서 가마쿠라 막부는 150년 만에 멸망한다.

2) 겐무신정 : 1333~1336년

이후 도쿄로 돌아온 고다이 덴노는 막부를 폐지하고 친정을 실시한다.

3) 무로마치 시대 (室町時代) : 1336~1573년

4) 남북조 시대 : 1336~1392년

덴노에 불만을 품은 무사 아시카가타우지가 1336년 반란을 일으켜 교토를 점령해서 새로운 북조의 고묘덴노를 옹립한다. 그리고 아시카가다카우치는 쇼군이 되어 새로운 무로마치 막부를 세운다. 패배한 고다이 덴노가 남쪽으로 도망을 쳐서 자신이 왕임을 주장하면서 남조의 덴토가 된다.

5) 센고쿠 시대 : 1467~1573년

1467년 무로막치 막부의 8대 쇼군인 아시카가 요시미사가 후계자 선정을 놓고 망설이는 사이 신하인 슈고다이묘(지방 영주) 둘이 서로 다른 후계자를 지지하며 두 세력으로 나눠 오닌의 난이 일어난다.

6) 아즈치, 모모야마 시대(安土桃山時代) : 1568~1603년

장군인 도요토미 히데요시(豊臣秀吉)가 대부분 집권하던 시대로 문화가 발전한 무사 시대로 공가(公家)의 형식이 부활하고 요리도 가공적으로 되고, 무사(武士)의 예법(禮法)과 함께 가지각색의 형식이나 유파가 발생했다. 무로마치(室町)시대의 정식은 향응요리로서 본선요리(혼젠요리 : 本膳料理)가 확립되었고 차(茶)의 보급으로 인한 회석요리(懷石料理)가 등장했다. 다도(茶道)완성을 동반한 차(茶)를 내기 전에 나오는 간단한 요리인 회석요리(懷石料理)의 확립과 포르투갈, 스페인의 영향을 받아 생긴 중국풍 요리인 남반요리(南蛮料理)의 도래로 일식조리가 발전하였다.

4 근세

1) 에도시대(江戶時代) : 1603~1868년

임진왜란을 일으킨 도요토미 히데요시(豊臣秀吉) 사후(死後)에 세키가하라 전투에서 서군인 이시다 마츠나리를 이긴 동군의 도쿠가와 이에야스(德川家康)는 히데요시 가문을 멸망시킨 후 무사들의 시대인 에도시대(東京時代)를 연다. 도쿠가와 이에야스의 안정적인 정치로 명치유신(明治維新까지 260년에 걸쳐 평화의 시대가 이어졌다. 평화롭고 안정된 시대의 환경이 일본만의 독자적인 요리가 형성되어갔다. 17세기에는 현재와 거의 유사한 맛의 간장이 생산되고, 서일본(西日本)은 연간장(우스구치죠유 : 薄口醬油), 동일본(東日本)은 진간장(코이구치죠유 : 濃い口醬油)을 주로 사용하였다. 이시기에 에도(東京)에 처음으로 음식점이 생겨나고, 초기에는 메밀국수, 장어, 초밥, 튀김 등을 판매하는 포자마차가 중심이었으나 점차 고급스러운 요정인 고급 일본요리점이 생겨나면서 호화로운 술자리 코스요리인 회석요리(會席料理)가 나왔다.

5 근대

1) 메이지 시대 (明治時代) : 1868년~ 1912년

2) 다이쇼 시대 (大正時代) : 1912년~ 1926년

일본의 대변혁의 시대인 1868년에 도쿠가와 바쿠후가 무너지고, 명치유신(明治維新)을 통해 천황이 권력의 실세로 등극하는 메이지와 다이쇼 시대에는 메이지 덴노(明治天皇) 시대이다. 일본은 천황을 중심으로 근대적 개혁과 발전을 도모하면서 그동안 불교의 영향으로 금지시켰던 소나 돼지고기 등이 서양 문화의 도입으로 육식을 장려하였다. 더불어 수입식품과 돈카츠, 비후카츠, 비프스테이크, 크로켓 등 서양요리가 가 급속도로 들어와 일본인의 식생활에 큰 영향을 주면서 일본의 정통요리와 서양요리가 융화된 일본의 독특한 요리 문화가 확립되고 발전되었다.

6 현대

1) 쇼와시대(昭和時代) : 1926년~1989년

2) 헤이세이 시대(平成時代) : 1989년~ 2019년

3) 레이와 시대(2019년 5월~현재 : 나루히토 천황)

일본은 제2차 세계대전(1925-1945) 전에는

일본은 불교의 영향으로 675년에 덴무천황이 육식을 금지시킨 후 1868년 명치유신 때까지 1200년 동안 육식 금지로 인해서 육류요리가 발전할 수 없었다. 명치 시대 이후 정부방침으로 문명개화 운동의 하나로 서양식품과 조리법이 수입되면서 서양식과 중화식, 일본식 등의 요리가 다양하게 백화점 등에서 출현했으며, 지방에는 여관이나 역 등을 중심으로 음식점이 생겼고, 가정 요리에서도 서양과 중화 풍의 요리가 생겨나기 시작했다.

제2차 세계대전 후

일본인들이 제대로 육류를 먹기 시작한 것은 세계 2차 대전 폐전 후 고도 성장기에 때부터이다. 1950년대에는 대중식당(大衆食堂)의 시대가 도래(到來)하면서 일방적인 메뉴구성에서 자신이 좋아하는 음식을 선택하는 개념의 식당이 등장했다.

그 후 1960년 동경 올림픽을 계기로 정부방침으로 철판구이를 적극적으로 알리고, 더불어 수출과 경기의 호황으로 인한 생활수준의 향상으로 식생활의 구미화와 다방에서도 식사를 판매하였다.

1970년부터는 외식의 시대가 도래(到來)가 시작되면서 KFC, 맥도날드 등 미국형 패밀리 레스토랑(Family Restaurant)의 융성과 함께 일본의 젊은 유학생들이 프랑스 요리, 이탈리아요리, 양과자의 제조법 등을 본토에서 배우고 돌아와서 서양식 요리를 전파하고, 유럽의 스타 셰프(Star Chef)들도 왕래하면서 유럽의 정통 식생활 문화가 일본 내에서 큰 인기를 끌었다.

1980년에는 일본의 독특한 요리문화가 완성된 시기로 회석요리(會席料理), 본선요리(本膳料理), 정진요리(精進料理), 차회석요리(茶懷石料理), 보차요리(普茶料理) 등이 상호 융합하여 소화 흡수되었다.

1986년부터 1990년 중 후반까지 버블경제와 엔고의 영향으로 소식문화와 음식의 고급화에도 열을 올렸던 시기고, 일반 대중식당에서는 반찬을 추가 시에도 돈을 내야 하는 등으로 "일본요리는 양이 적어서 먹을 만한 게 아니다."라는 인식이 1989년 한국의 여행자 자유화로 일본을 방문하는 여행객들로부터 인식되던 시기였다.

그 이후 소비자들은 채소 가득한 라면이나 왕 돈카프와 편의점 도시락 등 폭식계 2013년 12월에는 유네스코에 와쇼쿠(和食)가 프랑스요리, 지중해요리, 멕시코요리, 터키요리 다음으로 일본의 정통 식문화란 이름으로 동아시아 최초로 인류문화유산에 등재되었다.

21세기에 현대 일식조리는 프랑스요리와 함께 세계 파인 다이닝(Fine Dining)을 주도하는데 프랑스보다 미슐랭스타(Michelin Star)를 받은 레스토랑이 도쿄가 더 많을 뿐 아니라 조리도구 및 식자재, 노부 등의 스타 셰프 등의 활발한 활동으로 국가 경제에 일본의 음식이 상당한 부분 공헌하고 있다. 해외에서 인기 있는 일본요리는 초밥과 생선회를 비롯하여 메밀국수, 우동, 오뎅, 튀김, 양념 튀김인 가라아게, 라면, 카레라이스, 돈카츠, 쇠고기덮밥인 규동 등이다.

03 일식조리(わょくちょうり : 日式調理)의 분류

1 일식조리의 지역적인 분류

1) 관동요리(칸토우료리 : 關東料理)

일식조리는 관동요리(關東料理)와 관서요리(關西料理), 오키나와요리(沖繩料理), 북해요리(北海島料理) 등으로 구분하지만, 대표적으로 관동요리(關東料理)와 관서 요리(關西料理) 두 가지로 분류한다.

관동요리는 에도요리(江戶料理)라고도 하며, 무가(武家) 및 사회적 지위가 높은 사람에게 제공하기 위한 의례요리(義禮要理)가 발달하였으며 특징은 농후(濃厚)한 맛을 즐겨 맛이 진하고, 짜고, 달고 국물이 적으며 풍부한 설탕과 간이 짠 요리로 식어도 맛이 변하지 않아 선물용 요리로 발달하기 시작하였다. 대표적인 요리는 도쿄 앞바다에서 잡은 어패류를 사용한 생선초밥, 민물장어, 메밀국수, 튀김 등이다.

2) 관서요리(칸사이료리 : 關西料理)

관서요리(關西料理)는 카미카다(上方 : 교토 부근의 지방)요리라고도 하며, 교토(京都)와 오사카(大阪)를 중심으로 발달한 요리로 특징은 재료 자체의 맛을 최대한 살리는 담백하고 순한 맛과 색과 형태를 아름답게 꾸미는 일본 요리의 특징을 가장 잘 나타낸다. 도에 비해서 교토는 소금 맛 하나에 의존하는 소위 교(京)요리가 발전하게 되어 재료 본위의 요리법으로 간이 싱거운 요리가 생겨나는 등 국물이 다소 많고 담백하면서 아름다운 요리가 관서요리의 특징이다.

2 일식조리의 형식적인 분류

1) 쿄오우료리(きょうおうりょうり : 饗応料理) : 향응요리

궁중에서 궁중의 행사의식이나 대신임관 등의 행사가 치러진 헤이안시대(へいあんじだい : 平安時代) 때에 향응의 연회 요리로써 마른 감, 밤 등의 과자, 연어요리, 전복찜 이외에도 농어나 잉어 등의 생물(生物) 등이 사용되었다. 조미료의 사용은 소금, 식초, 간장, 된장 등 그릇은 은이나 동제 등을 사용했다.

2) 쇼진료리(しょうじんりょうり : 精進料理) : 정진요리

불교 사상(佛敎思想)을 기본으로 한 사찰 제사 요리로써 동물성(動物性) 재료를 전혀 사용치 않고 채소류, 곡류, 두류(豆類), 해초류(海草類) 등의 식물성(植物性) 재료 등을 사용했다.

불교의 의미로 정진(精進)이란 "잡념을 제거하고 몸을 깨끗이 하며, 마음을 수양하는 것을 말한다. 살생과 육식을 금지한 불교의 가르침으로 정진요리가 생겨났으며, 가마쿠라시대의 도원선사에 의해서 형식이 정리되었고, 중심지는 교토(京都)이고, 주로 사원에서 발달되었다. 정진요리의 형식은 본선요리의 형식으로서 일즙삼채(一汁三菜), 일즙오채(一汁五菜), 이즙오채(二汁五菜) 삼즙칠채(三汁七菜) 등으로 구성된다.

3) 혼젠료리(ほんぜんりょうり : 本膳料理) : 본선요리

무가(武家)의 예법확립을 위해 시작되어 에도시대(江戶時代)인 1800년대에 이르러서야 그 형식이 갖추어져 발달한 요리로 손님의 접대 요리로 전해 내려온 정식 일본 요리이자 회석조리의 원조이다. 메이지시대(明治時代)에 들어오면서 민간인에게 보급되기 시작하여 지금까지 관혼상제(冠婚喪祭)등의 의식요리(儀式料理)에 사용되고 있다.

본선요리는 우리의 12첩 반상과 같이 상을 내는 방법, 먹는 방법에 형식과 예절과 방법을 중요시 한 까다로운 요리라서 그 후 예절과 방식을 점점 멀리하게 되어 새로운 스타일의 회석조리(會席調理)를 생각하게 된 것이 오늘날 회석조리(카이세키죠리 : 會席調理)로 변화되어 현재에 이르고 있다.

메뉴의 기본은
한가지 국물에 세 가지의 반찬인 일즙삼채(이치시루산사이 : いちしるさんさい : 一汁三菜), 이즙오채(二汁五菜), 삼즙칠채(三汁七菜)가 기본이 되고, 응용형으로는 일즙오채(一汁五菜), 이즙칠채(二汁七菜), 삼즙구채(三汁九菜), 삼즙십일채(三汁十一菜) 등이 있어 최고는 오의선(五の膳)까지 있다.

4) 남반료리(なんばんりょうり : 南蛮料理) : 남만요리
무로마치 시대 말기부터 에도시대 초기에 걸쳐서 통상 대상국이었던 스페인과 포르투갈 등을 통틀어 남반(南蛮)이라 부르는데, 통상국의 영향에 의해서 조리법과 재료를 이용하며 도래한 요리가 남만요리인 텐푸라(天ぷら), 남반니(南蛮煮), 남반즈케(南蛮漬け) 등의 요리가 있다.

5) 카이세키료리(かいせきりょうり : 懷石料理) : 회석요리

챠카이세키(차회석요리 : 茶懷石料理)라고도 불리며, 무로마치 시대(室町時代 : 1338~1549)의 중기에 이르러 차를 마시는 것을 즐기는 풍조가 유행하기 시작하면서 오늘날의 다도(茶道) 형태가 이루어졌다. 차(茶)를 마시기 위해 차석(茶席)에서 제공되는 요리로서 차를 마시면 보약이 되고 장수한다 하여 아주 귀하게 여겼으며 약석(藥石)이라고도 한다. 회석(懷石)이라는 절에서 수행 중인 선승이 아침과 점심 두 끼밖에 먹지 못해서 한겨울 추위와 공복을 견디기 위해 돌을 따뜻하게 하여 천으로 싸서 품속에 품었는데 여기에서 유래되었다. 회석(懷石)은 일시적으로나마 배고픔과 추위를 잊을 정도의 가벼운 식사라는 의미가 있다.

6) 싯보쿠료리(しっぽくりょうり : 卓袱料理) : 탁복요리

중국식 사찰요리로서 에도시대 초기인 1600년경에 일본 최초의 개항도시인 나가사키(ながさき)에 산재한 중국인의 영향으로 알려지기 시작한 조리법으로, 식기는 중국풍이지만 재료나 맛은 일본인의 기호에 맞게 담백하게 변화되었다. 몇 사람의 손님이 식탁을 중심으로 해서 큰 그릇에 담은 요리를 나누어 먹는 것으로 먹는 방법, 식기요리의 배치 방법 등은 중국 형식 그대로 호화로운 요리이다. 탁복(卓袱)의 탁(卓)은 식탁을, 복(袱)은 식탁을 덮는다는 의미를 갖고 있어서 한마디로 "식탁요리"라고 할 수 있다.

7) 후차료리(ふちゃりょうり : 普茶料理) : 보차요리

에도시대(1654년) 초기에 중국의 은원(いんげん:隱元) 스님이 교토(京都)에서 황벽산(黃檗山)에 있는 만복사(万福寺)를 열어 포교하면서 전한 중국풍의 사찰요리이다. 보차(普茶)라는 의미는 넓은 대중에게 차를 제공한다는 것으로 승려들이 차를 마시면서 협의하는 차례의 뒤에 나오는 식사이다.

일본요리는 보통 개개인의 상을 준비하나 보차요리는 중국요리처럼 원형탁인 4인 일탁(四人一卓)으로써 한 그릇에 담아 가운데 놓고서 요리를 덜어서 먹는다.

보차요리(普茶料理)는 불교 정신으로부터 살아있는 재료는 사용하지 않는 것이 원칙으로 되어있으며, 영양 면을 고려하여 두부(豆腐), 깨(胡麻), 식물류(植物類)를 많이 사용한다.

8) 카이세키료리(かいせきりょうり : 會席料理) : 회석요리

회석요리(會席料理)는 에도시대(1603~1866)부터 이용된 연회요리로 복잡한 본선요리(本膳料理)를 개선해 간략화한 요리이다. 그 내용은 술과 식사를 중심

으로 한 연회식(宴會式)요리로서 현대의 음식점이나 호텔 등에서 주연요리(酒宴料理)의 주류를 이루고 있다.

회석(會席)이라는 것은 노래와 안무를 즐기기 위한 모임을 말하는 것으로, 당초에는 예의 바르게 모임을 끝날 때 술을 조금 마시는 정도였으나 나중에는 변화되어 도중에서부터 술과 요리가 나오게 되었다.

특히, 회석요리의 메뉴를 작성할 때는 계절에 맞는 바다, 산. 들, 강의 재료를 골고루 사용하고, 손님의 취향에 맞게 메뉴에 변화를 주고, 오미오감(五味五感)을 잘 살리고, 동일한 재료와 동일맛을 피해서 작성해야 한다.

회석조리의 형식은 보통 일즙삼채(一汁三菜), 일즙오채(一汁五菜), 이즙오채(二汁五菜) 등이 있고 이즙삼채(二汁三菜), 이즙오채(二汁五菜), 이즙구채(二汁九菜) 등의 메뉴가 다양해졌다.

메뉴의 형식

① 진미는 센츠케(せんつけ：先付), 고츠케(ごつけ：小付), 오토오시(おとおし：お通し)
② 전채는 젠사이(ぜんさい：前菜)
③ 맑은국은 스이모노(すいもん：吸物) 또는 완모리(わんもり：椀盛り)
④ 생선회：츠쿠리(つくり：造り) 또는 사시미(さしみ：刺身)
⑤ 구이：야키모(やきもの：燒物)
⑥ 튀김：아게모노(あげもの：揚物)
⑦ 특별안주：쿠치가와리(くちがわり：口付り)
⑧ 조림：니모노(にもの：煮物) 또는 타키아와세(たきあわせ：炊合せ：따로 익힌 생선과 채소를 한 그릇에 담은 음식)
⑨ 초회：스노모노(すのもの：酢の物)
⑩ 식사：쇼쿠지(ょくじ：食事)
⑪ 국：도메완(とめわん：止め椀) 그치는 국물을 말하며 된장국이 제공
⑫ 절임：코오리모노(こおりもの：香の物)
⑬ 과일：구다모노(くだもの：果物)로 구성된다.

3 일식조리의 조리방법에 의한 분류

1) 맑은국(すいものちょうり：吸物調理)
- 타이아타마 스이모노(たいあたますいもの：鯛頭吸物) 도미 맑은국
- 하마구리스이모(はまぐりすいもの：蛤吸物) 대합 맑은국

2) 회조리(さしみちょうり：刺身調理)
- 아카미사시미(あかみさしみ：赤身刺身) 붉은 살 생선회
- 이케츠쿠리(いけつくり：活作り) 활어회
- 카이사시미(かいさしみ：貝刺身) 조개회
- 시로미사시미(しろみさしみ：白身刺身) 흰살생선회
- 타타키(たたき) 가다랑어 등의 껍질 부분에 소금을 묻혀 구운 것

3) 구이조리(やきものちょうり：燒物調理)
- 일식조리(와쇼쿠쵸리：わょくちょうり：日式調理)
- 이자카야 (いざかや：居酒屋) 선술집
- 쿠시카[串カツ] 관서 지역 특히, 오사카의 대표적인 튀김 조리로 재료를 꼬치에 꿰어서 튀겨먹는 것
- 오코노미야키[おこのみやき：お好み燒き] 부침개, 전
- 쇼가야키(しょうがやき：生姜燒き) 돼지고기 등에 생강 간장을 넣고 조린 구이
- 츠쿠네(つくね) 다진 닭고기 경단
- 도테야키(どてやき) 소의 힘줄을 된장이나 맛술에 조린 것
- 돈돈야키(どんどんやき) 소맥분에 각종 해산물과 채소를 다져 넣고 구운 것
- 시오야키(しおやき：塩燒) 소금구이
- 스야키(すやき：業務燒) 그냥구이
- 테리야키(てりやき：照り燒) 간장양념구이
- 야키토리(やきとり：燒き鳥) 닭고기 꼬치
- 징기스칸(ツンギスカン) 북해 지방의 명물 양갈비 구이
- 로바다야키(ろばたやき：爐端燒き) 화로구이

4) 튀김조리(あげものちょうり：揚物調理)
- 카라아게(からあげ：空揚げ) 전분 등을 넣고 양념해서 튀긴 것

- 카와리아게(かわりあげ : 代わり揚げ) 변형튀김, 변화튀김
- 코로모아게(ころもあげ : 衣揚げ) 튀김옷을 묻혀 튀긴 것

5) 조림조리 (にものちょうり : 煮物調理)
- 타이아라니(たいあらに : 鯛荒煮) 도미조림
- 니쿠자가이모(にくじゃがいも) 고기와 감자조림
- 야사이니(やさいに : 野菜に) 채소조림
- 라후테(ラフテ)와 카쿠니(かたに) 돼지고기 조림, 라후테는 오키나와 카쿠니는 가고시마의 지방 요리

6) 찜조리(むしものちょうり : 蒸し物調理)
- 사카나사카무시(さかなさかむし : 魚酒蒸し) 생선술찜
- 챠완무시(ちゃわんむし : 茶椀蒸し) 달걀찜
- 도빙무시(どびんむし : 土瓶蒸し) 질그릇찜

7) 무침조리(あえものちょうり : 和物調理)
- 코마아에(こまあえ : 胡麻和え) 참깨 무침
- 야사이시라아에(やさいしらあえ : 野菜白和え) 채소두부무침

8) 초회조리(すのものちょうり : 酢の物調理)
- 타코스노모노(たこすのも : 酢の物) 문어 초회
- 스노모노모리아와세(すのものもりあわせ : 酢の物盛り合せ) 모둠 초회

9) 냄비조리(なべものちょうり : 鍋物調理)
- 오뎅(おでん) 곤약, 무, 어묵, 유부 등을 넣고 끓인 것
- 챵코나베(ちゃんこ鍋) 스모선수들이 즐겨 먹는 냄비
- 텟치리(てっちり : 鐵ちり) 복어 냄비
- 샤부샤부(しゃぶしゃぶ) 샤브샤브
- 스키야키(すきやき : 鋤燒 : すきやき) 전골냄비
- 요세나베(よせなべ : 寄せ鍋) 모둠 냄비

10) 면류조리(めんるいちょうり : 麺類調理)
- 우동(うどん : 饂飩) 가락국수
- 야키우동[やきうどん : 燒き饂飩] 볶은 우동
- 소바(そば : 蕎麥) 메밀국수
- 야키소바[やきそば : 燒き蕎麥] 볶은 메밀국수
- 쥬카소바[ちゅうかそば : 中華蕎麥] 중화 메밀국수
- 소우멘(そうめん : 素麵) 소면

- 나가시소우면[ながしそうめん : 流し素麵] 포석정처럼 데친 소면을 흘러서 수로에 흘러서 손님이 건져 먹는 스타일
- 라멘[ラーメン] 기원은 중화요리이지만, 일본식화 된 라면

11) 덮밥조리(どんぶりものちょうり : 丼物調理)
- 우나쥬(うなじゅう : 鰻重) 네모난 상자에 넣은 것. 우나동은 덮밥 그릇 위에 얹은 것. 둘 다 손질해서 구운 장어를 양념간장인 테리야키를 앞뒤로 3~4회 발라가면서 윤기나게 구워서 밥 위에 올리는 형태이다.
- 오야코동(おやこどん : 親子丼) 삶은 닭고기와 푼 달걀을 익혀 밥 위에 올린 것
- 카이센동(かいせんどん : 海鮮丼) 해물덮밥
- 카츠동(カツ丼) 빵가루를 입혀 튀기는 서양식 커틀릿의 일본식 카츠레츠의 줄임말
- 큐니쿠노돔부리(きゅうにくどんぶり : 牛肉丼) 쇠고기덮밥
- 텐동(てんどん : 天丼) 튀김덮밥
- 부타동(ぶたどん : 豚丼) 돼지고기 덮밥

12) 밥류조리(ごはんちょうり : 御飯調理)
- 오니기리(おにぎり) 주먹밥, 소금 간만 한 것을 오무스비(お結び)
- 카마메시(かまめし : 釜飯) 솥밥
- 카테메시(かてめし : 糧飯) 쌀에 밤, 고구마, 채소를 같이 넣고 지은 밥
- 쿠리고항(くりごはん : 栗御飯) 밤밥
- 코모쿠메시(ごもくめし : 五目飯) 5가지 산채가 들어간 솥밥
- 타케노코고항(たけのこごはん : 竹子御飯) 죽순밥
- 타이메시(たいめし : 鯛飯) 도미 1마리가 통째로 들어간 솥밥
- 마츠타케고항(まつたけごはん : 松茸御飯) 자연송이밥

13) 차밥류(おちゃつけ : 御茶漬)
- 우메챠즈케(うめちゃづけ : 梅茶漬) 매실차즈케
- 오챠즈케(おちゃづけ : お茶丼) 녹차에 말은 밥
- 타이챠즈케(たいちゃづけ : 鯛茶漬) 도미차밥
- 사케챠즈케(さけちゃづけ : 鮭茶漬) 연어차밥

14) 롤초밥 조리(ロールとすしちょうリ : ロールと壽司調理)

- 이나리즈시(いなりずし : 稻荷壽司) 유부초밥
- 오코노미즈시(おこのみずし : お好み壽司) 선택초밥
- 치라시즈시(ちらしずし : 散らし壽司) 흩뿌린 초밥
- 노리마키즈시(のりまきずし : 海苔卷壽司) 김초밥
- 니기리즈시(にぎりずし : 握り壽司) 생선초밥

15) 절임류(つけもの:漬物)

- 우메보시(うめぼし : 梅干し) 매실 절임
- 타쿠앙즈케(たくあんつけ : 澤庵漬) 단무지 절임
- 시바즈케(しばづけ : 紫葉漬) 가지 절임
- 나라즈케(ならづけ : 奈良) 울외 장아찌
- 누카즈케(ぬかづけ : 糠漬) 쌀겨 절임

15) 후식류(デザード : 後食)

- 와가시(わがし : 和菓子) 화과자
- 타이야키(たいやき : 鯛燒き) 붕어빵
- 요우캉(ようかん : 羊羹) 양갱
- 모나카(モナカ) 모나카 속에 팥이나 밤, 떡 등을 넣어서 만든 후식
- 스위츠(スイーツ) 서양의 디저트를 모방한 각종 케익 및 과자류
- 도지마로루(どじまロール) 일본의 제과, 제빵회사인 몽쉘(Mon Cher)에서 제조 판매하는 생크림
- 안미츠(あんみつ) 삶은 완두콩에 팥죽을 친 음식, 크림 빙수, 크림 안미츠

04 일식조리의 특징

1 일식조리의 특징

1) 눈으로 먹는다고 할 만큼 시각적인 색깔의 조화를 중요시 한다.
2) 바다, 산, 들의 재료들을 골고루 사용하여 자연의 맛과 멋을 살린다.
3 완성된 요리를 봤을 때 제철재료를 사용하여 계절의 흐름을 느낄 수 있다.
4) 인공 조미료를 적게 사용하여 재료 자체의 맛을 최대한 살린다.
5) 요리의 양이 적으면서 담을 때 공간의 미를 살린다.
6) 조리도구와 기물의 종류가 다양하여 조리할 때 섬세함을 살릴 수 있다.
7) 고객 앞에서 직접 조리하는 것이 많아서 고객기호와 위생을 중요시한다.
8) 초밥과 생선회같이 날것의 요리가 발달되어 있다.
9) 튀김, 돈카츠 등과 같이 외국요리를 일본화된 요리가 발달되어 있다.

2 일식조리법의 기본

일식조리의 기본은 5가지 색 (五色), 5가지 맛 (五味), 5가지 방법 (五法)을 기초로 하여 일식요리를 만든다.
1) 오색(五色) : 흰색, 검정색 ,빨간색, 청색, 노랑색
2) 오미(五味) : 단맛, 짠맛, 신맛, 쓴맛, 매운맛

3) 오법(五法) : 생것, 구이, 튀김, 조림, 찜

3 일식조리를 담는 기본

1) 생선은 머리가 왼쪽이고, 배 쪽 부분이 자기 앞으로 오게 담는다.
2) 닭고기와 과 생선을 같이 담을 경우일 오른쪽에 닭고기, 왼쪽에 생선을 담는다.
3) 요리를 담을 때 바깥쪽에서 자기 앞쪽 방향, 오른쪽에서 왼쪽으로 담는다.
4) 10은 기수(埼數)로 하고, 요리의 숫자는 기수(埼數)로 담는 것을 원칙으로 한다.
5) 요리와 그릇까지 찬요리는 차게, 뜨거운 요리는 뜨겁게 담아낸다.
6) 계절감을 살리는 기물과 색상의 조화를 나타낼 수 있는 그릇을 선택하여 담는다.
7) 젓가락으로 집어서 먹기 쉽게 담는다.
8) 그릇의 그림이 먹는 사람의 정면에 오도록 담고, 앞면으로 구분이 어려울 시는 그릇 뒷면의 만든 사람 이름이나 회사명을 보고 그릇의 방향을 판단한다.

4 일식당의 특징

1) 초밥 카운터나 철판구이 등은 고객과 직접 대화를 하면서 요리하기 때문에 숙련된 기술과 훌륭한 화술과 매너, 해박한 지식으로 단골고객확보에 유리하다.
2) 사계절의 영향을 많이 받지만 다양한 식재료로 대체가 용이하다.
3) 일본음식은 한국음식과 입맛이 유사하므로 기술 습득 후 자기 창업이 빠르다.
4) 서양요리와의 접목이 빠르고 전문화 세분화되어 있어서 사업성이 좋다.
5) 일식 레스토랑에서 주로 비즈니스를 많이 하므로 그것에 맞는 메뉴 및 서비스. 고급스러운 분위기 창출에 적합하다.

5 일식조리의 식탁예절

1) 기본적인 식사 예절

① 그릇과 젓가락을 동시에 잡지 않는다.
② 동석자를 무시하고 먹는 것에만 몰두하지 않도록 한다.
③ 식기류를 사용할 때는 소리를 내지 않도록 한다.
④ 국물이 있는 요리나 수프 등은 후루룩~ 소리를 내어서 먹지 않는다.
⑤ 자기가 들어 온 요리는 남기지 않도록 한다.
⑥ 만약, 돌아가면서 덜어 먹을 경우 좋아한 것만 먹지 말고 골고루 균형을 생각한다.
⑦ 젓가락을 들고서 어느 것을 먹을까 망설이지 않는다.
⑧ 복부와 허리를 펴서 바른 자세로 식사를 한다.
⑨ 식사의 속도는 동석자의 속도에 맞추도록 한다.
⑩ 다른 자리의 손님을 유심히 보지 않도록 한다.
⑪ 만약, 실수로 음식을 엎질렀을 때 당황하지 말고 홀 서빙직원에게 정중히 부탁한다.
⑫ 항상 레이디 퍼스트의 예절을 지킨다.
⑬ 이쑤시개는 사람들 보는 앞에서 사용하지 않도록 한다.
⑭ 담배는 후식이 끝난 후 지정장소에서 피우도록 한다.
⑮ 화장실은 사전에 끝내고 기침, 트림 등의 생리적인 현상을 될 수록 참는다.

2) 일식조리의 예절

① 착석(着席)할 때 : 일본의 방은 상석(上席)과 하석(下席)을 구분하여 자리에 앉을 때는 먼저 방석이 있는 주변에 일단 앉은 후 인사를 교환한 다음 자리를 변경해서 앉는다.
또한, 방석이 깔렸던 연회장의 경우에는 몸을 앞으로 세워서 넘어지지 않도록 방석에 기대어 앉는다.
② 술잔을 받을 때 : 일본요리에서 연회행사의 경우에 술을 마시지 않는 사람이라도 "먼저 한잔"이라고 권할 수 있는 경우가 많다. 술을 마시지 않는 사람이라도 첫 잔은 한 잔 받아 마시는 것이 예의이다.
감춰진 잔의 자기 앞쪽을 오른손으로 오른손 엄지와 검지로 감싸서 나머지 세 손가락을 반대쪽에 대고 위를 향한다. 오른손 손가락으로 잔을 들고, 왼손을 포개 얹어 상대가 주는

술을 받는다.

③ **맑은 국물을 먹을 때** : 먼저 맑은 국물의 뚜껑을 연 다음, 왼손을 곁들여서 잔을 집을 때와 같이 오른손으로 실굽을 감싸서, 자기 앞쪽에서 반대쪽으로 조용히 열어 가장자리를 따라서 の자를 쓰는 것과 같이 정 가로가 될 때까지 뒤집어서 반상의 우측 위에 둔다. 맑은 국물의 뚜껑을 열 때 수증기가 가득 차서 잘 열리지 않을 경우에는 살짝 눌렀다가 돌리면서 연다.

④ **생선회를 먹을 때** : 젓가락으로 생선회를 먹을 때는 자기 앞쪽부터 집도록 하고, 맛이 담백한 것부터 시작해서 진한 맛의 순으로 먹어야 본연의 맛을 느낄 수 있다. 또한, 회의 신선함을 잃지 않도록 간장이나 고추냉이를 너무 많이 찍지 않도록 한다.

⑤ **구이를 먹을 때** : 구이는 껍질이 위로 배가 자기 앞쪽으로 담아서 나온다. 생선의 뼈가 없는 것은 젓가락으로 잘라서 감싼 종이를 곁들여서 입으로 가져오고, 원래 뼈는 떼어내기 쉽게 제공이 되는데 뼈가 붙은 채로 뒤집어서 먹지 않도록 한다.

⑥ **조림을 먹을 때** : 조림이 작은 그릇에 담겨 나올 때는 손으로 들고 먹어도 상관없지만, 만약, 젓가락으로 나눌 때는 반드시 반상에 올려놓고 분리해서 먹는다.

⑦ **그치는 국물과 식사** : 그치는 국물과 동시에 밥과 절임이 제공되는데 이것을 먹을 때는 맑은 국물을 먹는 방법과 같이 먼저 그릇의 뚜껑을 열고 반상의 우측에 둔 다음, 밥뚜껑은 오른손으로 뚜껑의 실굽을 감싸서 뒤집어 열어 왼손으로 바꿔 들고 그대로 반상의 좌측 편에 둔다. 그리고 밥을 먼저 한입 떠서 먹은 다음에 국물을 한입 마신다. 이것을 반복해서 마지막에는 밥을 한입 남겨서 절임류를 먹는다. 주의할 점은 절임류를 밥 위에 올려서 먹지 않도록 한다. 불교식에서는 국물, 밥, 국물의 순서로 먹는다. 이것은 축하의 의식 때의 방법으로 순서가 틀리지 않도록 한다. 일본의 차 회석요리에서는 불교식으로 되어있는 국물을 먼저 한 입 먹는 것이 식사법으로 되어있다.

⑧ **초밥을 먹을 때** : 초밥 카운터에서 식사예절은 너무 큰 소리로 말해서 옆의 고객에게 방해되지 않게 하며 반말을 하기보다는 초밥 조리사를 칭찬하는 것이 예의이다. 초밥을 먹을 때

는 손수건으로 손을 깨끗이 닦은 후 손으로 먹어도 되고 젓가락을 사용할 때는 간장을 생선 쪽에만 찍어야 초밥이 흩어지지 않는다.

3) 젓가락의 사용 방법

젓가락은 고객이 직접 집도록 한다. 먼저 젓가락의 중앙을 오른손으로 숙이도록 들고 왼손은 곁들이는 식으로 해서 쥔다. 만약, 젓가락이 봉지에 있을 때는 봉지에서 꺼낸다. 또한, 젓가락 받침이 있는 경우에는 젓가락 끝을 얹어둔다. 젓가락 받침이 없는 경우에는 젓가락 봉지를 묶어서 젓가락 받침으로 대신 사용해도 된다.

젓가락이 놓여져 있는 위치에서 잡을 때는 오른손으로 젓가락의 중앙을 잡고 왼손은 젓가락 끝에 걸리지 않도록 밑에 곁들인다.

일본의 상차림인 젠(膳)은 젓가락만으로 음식을 먹지만, 젓가락으로 먹기에 불편한 요리인 볶음밥, 오므라이스, 카레, 죽 등은 숟가락을 사용해도 무방하다. 일반적으로 젓가락은 대나무 제품이 대부분이고, 색깔에 따라 개인용 젓가락을 구분해서 사용하는 데 아버지는 검은색, 어머니는 빨간색하고 손님용은 대부분 1회용 나무젓가락으로 준비를 한다.

젓가락의 종류는 다양하며 용도에 맞게 사용을 한다.

4) 젓가락의 종류와 용도

- 소리휴(小利休) : 맑은 국물을 먹을 때 사용한다.
- 중리휴(中利休) : 평상시에 사용한다.
- 대리휴(大利休) : 회석요리에 사용한다.
- 남천저(南天箸) : 정월에 사용한다.
- 흑, 자단저(黑, 紫檀箸) : 과자나 식사할 때 사용한다.
- 조저(組箸) : 작은 것은 요리를 담을 때, 큰 것은 요리할 때 사용한다.
- 신전용저(神前用箸) : 신에게 제사를 지낼 때 사용한다.
- 지저(枝箸) : 나뭇가지로 만든 것으로 식사할 때 사용한다.

5) 금기시하는 젓가락 예절

- 사사바시(ささばし) : 젓가락으로 요리를 콕콕 찌르는 행위
- 나미다바시(なみだばし) : 젓가락으로 국물을 뚝뚝 흘리는 행위
- 카키바시(かきばし) : 밥공기의 테두리에 입을 붙여서 젓가락

으로 밥을 막 넣는 행위
- 코비바시(こびばし) : 젓가락으로 입에 밀어 넣는 행위
- 네부리바시(しねぶりばし) : 젓가락을 입에 넣어 핥는 행위
- 니기리바시(にぎりばし) : 쥐어 잡는다. 공격의 의미를 부여하는 행위
- 요세바시(よせばし) : 젓가락으로 멀리 있는 그릇을 끌어당기는 행위
- 와타바시(わたばし) – 젓가락을 쉬게 할 때 밥공기 등의 위에 올려두는 행위
- 타타키바시(たたきばし) : 그릇을 두드려 사람을 부르거나 재촉하는 행위
- 마요이바시(まよいばし) : 금방요리를 집었다가 다른 요리를 집는 행위
- 사구리바시(さぐりばし) : 국물 등을 섞어 알맹이를 탐색하는 행위
- 우츠리바시(うつりばし) : 하나의 요리를 먹은 후 즉시 다른 요리를 먹는 행위
- 요코바시(よこばし) : 두 개 합쳐서 숟가락과 같이 음식을 퍼내는 행위 등

1 일식 주방의 조직도(組織圖) 및 구성

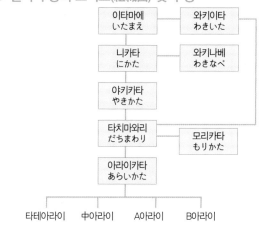

1) 관동지방(關東地方)의 주방 조직도

관동지방의 주방조직은 위로부터 이타마에(板前), 니카타(煮方), 야키카타(燒き方), 타치마와리(立ち回), 아라이카타(洗い方) 등의 순서이지만 주방의 규모와 조리형태에 따라서 와키이타(脇板), 와키나베(脇鍋), 모리카타(盛り方)를 둔다.

① 이타마에(板前) : 전체적인 요리 맛을 관리하는 조리장의 역할로 조리실을 장악하며, 차림표 작성 및 생선회를 자르고 이타마에의 보좌역을 와키이타라 한다.

② 니카타(煮方) : 오랜 경험과 노하우(Know-How)로 조리장의 맛을 대변하는 위치로서 불로하는 요리인 맑은국, 조림, 찜, 냄비요리 등 맛과 간을 조절하는 중요한 위치이다. 니카타의 보좌역을 와키나베라 한다.

③ 야키카타(燒き方) : 도미구이, 장어구이 등 모든 구이요리를 담당하는 곳으로 구이 재료의 전처리 및 곁들임 재료 등을 담당하는 역할을 한다.

④ 타치마와리(立ち回リ) : 모리츠케, 니카다, 야키카다 등의 다른 섹션(Section)에 전반적인 일을 도와주면서 일을 배운다.

⑤ 모리카타(盛リ方) : 요리를 일정한 그릇에 담아서 완성하는 것

은 물론 각종 샐러드, 오싱코, 후식 등을 담당하면서 여러 가지 잡일을 도맡아서 한다.

⑥ 아라이카타(洗い方) : 수족관 및 메인 냉장고, 냉동고 관리 및 어패류, 채소 등의 기본손질은 물론 생선을 손질하여 포 뜨기 등의 일을 담당한다. 아라이카타의 최고 윗사람을 타테아라라 한다.

2) 관서지방(関西地方)의 주방 조직도

관서지방은 위에서부터 주방장을 싱(眞), 끓이고 간하는 곳을 니카타(煮方), 칼판에서 일하는 곳을 무코우이타(向う板), 구이를 하는 곳을 야키바(焼き場), 담는 역할을 하는 곳을 모리츠케(盛り付け), 식재료나 그릇을 닦는 곳을 아라이카타(洗い方), 밑에서 심부름하는 업무를 보우슈(坊主)라 부른다. 또한, 주방의 규모에 따라 조리장을 보조하는 역할을 타테이타(立て板), 니카타를 보조하는 역할을 와키나베(脇鍋), 무코우이타을 보조하는 역할을 와키이타(脇板)라 한다.

① 싱(眞) : 조리장으로서 메뉴의 메뉴작성 및 주방 전체를 관리하는 역할을 한다. 조리장의 보조인 타테이타는 실질적인 조리장의 역할을 하는데 조리장 부재 시에는 주방 전체를 관리하면서 생선회 등을 자르기도 한다.

② 니카타(煮方) : 오랜 경험과 노하우(Know-How)로 조리장의 맛을 대변하는 위치로서 불로하는 요리인 맑은국, 조림, 찜, 냄비요리 등 맛과 간을 조절하는 중요한 위치이다. 니카타의 보좌역을 와키나베라 한다.

③ 무코우이타(向う板) : 모든 도미, 광어 등 어패류를 손질해서 재료를 각 섹션별로 배분하는 일과 메인 냉장고, 냉동고, 수족관 등을 관리한다. 무코우이타의 보좌역을 와키이타라 한다. 특히, 관동지방과 다르게 끓이는 보조, 칼판 보조가 윗사람을 대신할 수는 없다.

④ 야키바(焼き場) : 모든 구이요리의 재료 준비 및 구이요리를 담당하면서 튀김, 찜 요리 등을 하는 경우도 있다.

⑤ 모리츠케(盛り付け) : 생선회를 제외한 모든 채소류를 주로 다루고 일본 김치와 구이 요리의 곁들임 재료 및 요리의 담는 것을 모두 담당한다.

주방의 규모나 형태에 따라서 끓이는 사람이 조리장의 역할을 하는데 카타싱(かたしん)이라 부른다.

풍부한 경험으로 조리장의 역할과 업무지시 및 업장을 장악할 수 있어야 한다. 또한, 처음 주방에 입사하여 각종 잡일을 하는 역할을 아라이카타, 보우슈라 부르며, 그 주방 전체의 업무구성과 흐름을 파악하고 잔심부름을 도맡아서 한다.

2 직급별 직무 역할

1) 주방 조직도

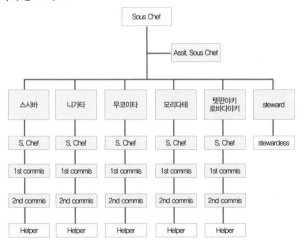

2) 직급에 따른 업무

특급호텔에서 일반적인 조리사의 직급은 프랑스식으로 되어있다. 위에서부터 Executive Chef , Executive Sous Chef, Sous Chef, Assist Sous Chef, Chef de Partie, Demi Chef de Partie, 1st Cook, 2nd Cook, 3rd Cook, Cook Help, Trainne로 되어있다.

① **조리장(Sous Chef)** : 일식주방의 조리장의 일반적인 직책은 과장이지만 상황에 따라서 계장, 대리, 차장이나 부장의 직책을 주기도 한다. 주요 업무는 총주방장이 주관하는 미팅과 미팅내용의 전달, 직원관리, 근태관리 및 인사고과 등을 평가하고, 매출관리에 따른 메뉴관리, 코스트관리 등 전반적인 업무를 총괄한다. 또한, 원활한 일식당의 운영을 위해서 고객과 홀 직원들과의 관계 등 탁월한 리더십과 자질이 요구되는 직책이다.

※ 조리장의 주요 업무
- 총주방장이 주체하는 미팅 참석과 직원들에게 공유
- 계절별 회석요리, 특선메뉴에 따른 프로모션 등의 메뉴 관리하기
- 정기적인 시장조사와 일일 식 재료 주문 및 검수하기
- 매월 인벤터리(Inventory)를 통한 식재료 원가 관리하기
- 스케줄(Schedule) 관리 및 퇴직자에 따른 조리 인력 관리하기
- 조리사의 개인위생 및 주방의 청결 상태를 수시로 점검하기
- 조리도구, 기물, 냉장고, 냉동고 등의 이상 유무 작동상태 등을 수시로 점검하기
- 원산지, 유효기간 등을 관리하기
- 매출관리 및 홀 직원과의 미팅을 통한 메뉴 및 고객 관리하기

② **부조리장(Assit Sous Chef)** : 조리장 부재 시에 조리장의 업무를 담당하면서 부서의 팀워크(Team Work)을 위해서 부조리장의 역할이 크다. 또한, 현장 실무와 기능적인 면에서 풍부한 지식을 가진 전문가로서 직원들의 교육과 훈련을 담당하면서 주방 업무 전체에 관하여 함께 의논하며 실무적인 일을 수행한다.

※ 부조리장의 주 업무
- 조리장의 업무 보좌 및 지시사항 잘 전달하고 이행하기
- 실무적전 일을 하면서 완성된 요리 체크(Check)하기
- 일식 주방 섹션(Section)의 상호보완적인 협조 도모하기
- 주방기기 및 기물관리 등

③ **대리 또는 계장(Chef de partie or Demi Chef de partie)** : 조리장과 부조리장의 업무를 보좌하면서 한 섹션파트(Section Part)의 책임 조리장의 역할을 한다. 일식당의 섹션(Section)을 전체적으로 소화할 수 있는 업무지식과 노하우(Know-How)를 바탕으로 기술축적 및 능력을 길러 일식당의 원활한 운영 및 매출 등에 앞장서야 한다.

※ 주 업무
- 일식당 직원들의 업무 협조 및 감독하기
- 자신이 맡은 섹션(Section)의 식재료 및 요리 등의 업무 총괄하기
- 선입선출, 식재료, 주방의 소모품 등 원가의식을 조리사 등에게 교육하기

④ **주임조리사(Commis Ⅰ)** : 섹션의 조리장(Section Chef)을 보좌하면서 실무의 풍부한 경력으로 실질적인 요리의 중요한 업무를 수행하면서 상사의 업무지시에 따라 업무를 수행한다. 또한, Cook Helper, Trainee 등의 교육과 업무에 대한 확인 및 체크 후 보고를 한다.

※ 주 업무
- 식재료 재고 파악 및 필요한 식재료 신청하기
- 맡은바 실무 위주의 업무에 최선을 다하기
- 냉장고, 냉동고의 온도의 이상 유무 관리하기
- 상사로부터 받은 지시사항 등을 동료들에게 전달하기

⑤ **보조조리사 또는 견습조리사, 교육생(Commis Ⅱ or Kitchen Helper, Trainee)** : 주임조리사를 보좌하면서 윗사람의 지시사항을 잘 받아서 조리 생산품을 조리하기 위한 준비과정을 담당하는 직책을 말한다. 조리사 보조원은 밝고 적극적인 태도로 청결과 개인위생 및 식품영양 등 조리 과학적이고 체계적으로 일을 하면서 내가 하는 업무에 항상 최선을

다한다는 사명감을 가지고 조리 업무에 임해야 한다. 또한, 교육생은(Trainee) 기본적인 주방 업무에 관한 사항들을 신속히 습득하려는 노력과 식재료의 기초적인 취급에 대하여 정확하게 배워 기본기를 익힌다. 특히, 안정 및 위생, 칼의 사용법 등에 대한 교육을 철저히 받아야 한다.

※ 주 업무
- 개인위생과 규정된 복장 및 회사의 규정을 잘 지키면서 선배들의 지시를 신속 정확하게 처리하기
- 기초 식재료를 구매부로부터 수령해서 품목별로 구분해서 정리 정돈하기
- 주방 기물 및 냉장, 냉동고의 청결 관리 유지하기

3 분야(Section)별 직무 역할

1) 니카타(にかた:煮 物) : 뜨거운 요리 담당

불판으로 주로 뜨거운 요리를 담당하면서 여러 가지 기본 다시(出し : だし)를 만들고, 요리의 맛을 좌우하는 중요한 역할을 담당한다.

① 각종 육류, 어패류, 채소류 등 불판 재료의 주문 및 검수 보관 관리한다.

② 각종 다시(だし : 出し) 및 타레(たれ : 垂れ) 등을 만든다.

③ 맑은국, 조림, 찜 요리, 우동, 면류 등을 조리한다.

④ 기타 분야와 협조해서 효과적 효율적으로 조리업무를 진행한다.

2) 야키바(やきば : 焼き場) : 구이요리 담당

재료를 쇠꼬챙이 등에 꿰어서 직화구이나 샐러맨더(Salamander) 등을 이용하여 모든 구이요리를 담당한다.

① 각종 육류, 어패류, 채소류 등 구이 재료의 주문 및 검수 보관 관리한다.

② 구이용 육류 및 어패류, 채소류 등을 준비해서 조리한다.

③ 모든 구이에 필요한 양념류를 준비한다.

④ 기타 구이에 곁들이는 부재료를 준비한다.

3) 스시바(すしば : 壽司場) : 초밥요리 담당

초밥 카운터는 고객과 직접 마주해서 대화하기 때문에 일식당의 얼굴 역할을 하는 아주 중요한 섹션으로 초밥 및 초밥과 관련된 모든 업무를 담당하면서 고객의 기호카드 작성 및 처음부터 마지막 배웅 때까지 주방의 대고객 창구 역할을 한다.

① 각종 육류, 어패류, 채소류 등 초밥 재료의 주문 및 검수 보관관리 한다.

② 초밥초를 만들어 초밥을 준비하고, 초 생강, 고추냉이(와사비 : わさび) 등을 준비한다.

③ 초밥을 고객기호와 메뉴의 주문에 의해서 만든다.

④ 고객의 코멘트(Comment)로부터 초밥에 대한 평가와 동업계의 조리 정보를 수집해서 공유한다.

⑤ 고객기호카드 및 성함을 기억하고 수시로 주방장에게 보고함으로써 차기 메뉴개발에 반영한다.

⑥ 최근 뉴스정보 등 업무에 필요한 외국어 회화를 습득하도록 한다.

4) 무코우이타(むこういた : 向こう板) : 생선 손질 및 생선회 담당

모든 어패류의 손질 및 생선회와 복어회 등을 담당하는 곳이다. 특히, 어패류의 신선도 등을 철저히 검수하여 생선회를 완성하기까지의 조리업무를 이곳에서 담당한다. 또한, 수족관과 메인 냉장고 및 냉동고관리를 하며, 식재료의 재고 조사를 하여 조리장에게 보고함으로써 식자재 관리 및 주문서 작성에 반영토록 한다. 특

히, 조리장이 수시로 직접 조리업무를 수행하는 경우가 있는데 복어회 등은 고도의 기술이 필요하기 때문이다.

① 각종 육류, 어패류, 채소류 등 생선회 재료의 주문 및 검수 보관관리 한다.

② 각종 어패류의 1차 손질을 해서 각 섹션에 배분한다.

③ 메인 냉장고, 냉동고의 관리 및 생선회, 복어회 등을 담당한다.

⑤ 활어 어패류의 원산지표기와 수족관을 관리한다.

5) 모리다이(もりだい:成り立) : 찬 요리 및 담는 것 담당

각종 진미요리, 전채요리, 샐러드, 일본 김치 및 후식 등을 담당하는 곳으로, 특히 전채(젠사이 : ぜんさい)요리는 계절별로 다양하기 때문에 수시로 조리장의 지시와 협조를 받아서 업무를 수행한다.

① 각종 어패류, 채소류, 과일류 등 모리다이 재료의 주문 및 검수 보관관리 한다.

② 도시락 등의 완성 때까지 "니가타"와 "텐푸라바" 등과 업무협조를 통해서 도시락을 완성한다.

④ 제철의 샐러드와 과일 등을 주문하고 준비하는 역할을 한다.

6) 텐푸라바(てんぷらば : 天浮羅場) : 튀김요리 담당

모든 튀김요리를 담당하고 조리장의 지시를 받아 이에 수반되는 제반 업무를 수행한다.

① 각종 어패류, 채소류, 과일류 등 튀김 재료의 주문 및 검수 보관관리 한다.

② 튀김용 기름과 튀김옷 만들 때 필요한 밀가루, 달걀 물 등의 재료를 준비한다.

③ 새우를 손질하고 기타 튀김용 부재료 등을 준비한다.

7) 텟판야키(てっぱんやき : 鉄板燒) : 철판요리 담당

초밥 카운터와 같이 대고객 서비스를 하는 철판구이나 로바다야키도 고객과 직접 마주해서 대화하기 때문에 일식당의 얼굴 역할을 하는 아주 중요한 섹션으로 철판구이에 관련된 모든 업무를 담당하면서 고객의 기호카드 작성 및 처음부터 마지막 배웅 때까지 주방의 대고객 창구 역할을 한다.

① 각종 육류, 어패류, 채소류 등 철판구이 재료의 주문 및 검수 보관관리 한다.

② 마늘과 구이용 각종 소스를 준비한다.

③ 영업시간이 되면 고객을 맞아 주문에 의해 조리한다.

④ 고객기호카드 및 성함을 기억하고 수시로 주방장에게 보고함으로써 차기 메뉴개발에 반영한다.

⑤ 최근 뉴스정보 등 업무에 필요한 외국어 회화를 습득하도록 한다.

06 일식 조리도구

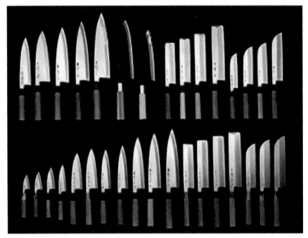

1 일식 조리도

일식 조리도는 고급스러우면서도 다양한 용도의 조리도구들이 있다. 특히, 일본에서 가장 오래된 600년 동안 칼만 만들어 오고 있는 대장간도 있을 정도로 칼은 군인에게서 생명을 지키는 총과 같이 칼을 자신의 몸과 같이 귀중하게 취급해야 하듯이 칼의 귀중함은 조리사로서의 조리기술과 숙련도와 뿐 아니라 인격에 대한 기본적인 정신 자세를 판단할 수 있다고 한다. 이같이 조리 경력이 풍부한 조리사라고 하더라도 녹이 슨다든가 제대로 관리를 하지 않으면 조리기술을 충분히 발휘할 수가 없을 뿐 아니라 전문 조리사로서의 직업에 대한 사명과 결코 최상의 요리를 만들 수 없을 것이다. 그래서 올바른 조리도 관리는 일식 조리사의 훌륭한 인격체를 판단하는 기준이 된다.

2 일식 칼의 특징

1) 일식의 조리도는 고급스럽고 용도에 따라 다양한 종류가 있다.
2) 양면이 아닌 한쪽 날(카타하 : かたは : 片刃)로 되어있다.
3) 생선을 손질하기 좋게 칼이 매우 날카롭고 예리하다.
4) 각종 식재료를 손질에 적합한 조리도가 발달하였다.
5) 칼날을 갈 때는 숫돌(토이시 : といし : 砥石)을 사용한다.

3 일식 칼 가는 방법

일식조리에서 칼은 생명이라고 할 정도로 항상 중요하게 관리를 하는 것이 기본이다. 칼을 갈 때는 칼이 길기 때문에 3등분(윗날, 중심날, 아랫날)으로 나눠서 간다. 특히, 다른 분야의 칼은 양면이지만 일식 조리도는 한쪽 날이라서 칼을 갈 때는 칼날이 자기 몸의 바깥쪽을 향하여 갈 때는 잡아당길 때 힘을 주고, 자기 몸 방향일 때는 앞으로 밀 때 힘을 준다. 비율은 앞면 8:2 뒷면의 비율로 간다.

1) 칼 앞면 가는 방법

① 칼의 앞면을 숫돌에 부착 후 오른손으로 칼의 손잡이를 잡는다.
② 오른손의 엄지는 칼 턱 쪽에 대고, 검지는 칼의 등 쪽에 댄 후 나머지 손가락으로 칼자루를 쥔다.
③ 왼손은 그림과 같이 엄지를 중간 부분, 검지와 중지를 칼에 대고 나머지 손가락은 편다.
④ 칼을 잡고 칼의 앞면 경사를 동전 한 개 정도로 세우고, 숫돌에 밀착시킨다.
⑤ 숫돌에 댄 칼을 "밀고 당기는 식"으로 물을 뿌려 가면서 간다.

2) 칼의 뒷면을 가는 방법

① 오른손의 검지를 칼 턱 면에 대고, 엄지손가락을 칼의 등에 댄다.
② 왼손은 앞면과 동일하게 칼의 중앙부터 끝 가장자리까지 눌리면서 간다.
③ 일식 조리도는 한쪽 면만 갈기에 칼끝이 반대편으로 살짝 넘

어가는데 이것을 카에리(かえり : 返り)라고 한다.

④ 마지막에 마무리용 숫돌을 사용해 앞뒤를 흙탕물이 나오지 않도록 물을 계속 끼얹어 주면서 간다.

⑤ 숫돌이 닿지 않은 곳이나 특유의 냄새를 없애려면 은 돌 비누라든가 자른 무 끝에 헝겊을 감은 후 아주 가는 돌가루를 묻혀 칼을 닦는다.

4 일식 칼의 관리원칙

① 일식 조리도는 하루에 최소한 1회 이상 가는 것을 원칙으로 한다.

② 보통 세제나 수세미를 이용하여 이물질을 제거한 후 잘 헹궈 낸 다음 마른행주나 키친타월로 수분을 제거해서 보관한다.

③ 자신의 조리도는 자신이 직접 관리하면서 자기 것을 사용하고 다른 사람이 절대로 손을 댈 수 없도록 한다.

5 일식 칼 사용의 올바른 자세

조리도로 일을 할 때 올바른 자세는 업무를 효율적 효과적으로 할 뿐 아니라 건강상의 문제도 있으므로 중요하다.

① 도마를 마주하여 앞쪽 도마 끝에서 수직선 상에 양발 앞꿈치를 맞추어 차려자세로 똑바로 선다.

② 오른발의 뒤꿈치를 축으로 오른발 앞을 오른쪽으로 90℃ 벌린다.

③ 이 상태에서 다시 오른발 앞을 축으로 오른발 뒤꿈치를 오른쪽으로 90℃ 돌려 몸을 앞으로 약 15℃ 숙이면 자연스럽게 안정된 자세를 유지 할 수 있다.

6 숫돌의 올바른 보관 방법

숫돌은 항상 평평하게 유지를 하도록 준비를 하고, 숫돌은 보통 물에 담가 두고 사용을 하나, 최소한 칼을 갈기 전 10~20분 전에는 물을 충분히 흡수를 시켜 놓는다. 칼을 갈면서 나오는 흙탕물이 나오는데 이것을 물로 씻어서는 안 되며, 이것으로 인해 칼이 갈아지는 것이므로 물은 가끔씩 뿌리고 많이 뿌리지 않도록 한다.

① 칼을 갈기 전 숫돌은 사전에 물에 10~20분 전에는 담가 충분히 물을 흡수시켜준다.

② 숫돌 받침대가 없을 경우는 젖은 행주를 깔아 숫돌을 고정시킨다.

③ 사용하고 난 숫돌은 후에는 거친 숫돌로 평평하게 면을 고르게 해 준다.

④ 사용이 끝난 숫돌은 깨끗이 씻어서 보관한다.

7 다양한 조리도구의 종류

1) 사시미보쵸(さしみぼうちょう : 刺身包丁) - 생선회 칼

생선회칼은 관동지방에서는 복어 사시미용으로 사용하는 타코비키보쵸(たこびきぼうちょう : 蛸引包丁)를 사용하나, 관서지방에서는 생선회 칼은 전통적으로 야나기보쵸(やなぎぼうちょう:柳刃 : やなぎ包丁)를 사용한다. 하지만 타코비키보쵸는 평썰기 방법인 히라즈쿠리(ひらづくり, : 平作り)], 야나기보쵸로는 잡아당겨 썰기 방법인 히키즈쿠리(ひきづくり : 引き作り)를 할 때 주로 사용한다. 생선회 칼의 길이는 일반적으로 27cm. 30cm, 33cm 크기의 칼이 있는데 각자의 몸에 맞는 칼을 선택해서 사용한다.

2) 우스바보쵸(うすばぼうちょう : 薄刃包丁) - 채소용 칼

채소를 손질할 때 사용하는 우스바보쵸는 칼의 길이가 18 ~ 20cm가 사용하기에 편리하고, 때에 따라서는 바닷장어나 노래미 등의 작은 뼈를 자를 때도 편리하다. 특징은 관동식(關東式)은 칼끝이 각이 졌고 관서식(關西式)은 칼끝이 둥근 모양으로 되어 있고 칼을 갈 때는 고운 숫돌을 사용한다.

3) 데바보쵸(でばぼうちょう : 出刃包丁) - 절단칼 또는 토막칼

데바칼은 칼등이 두껍고 짧은 칼이라 생선을 포 뜨기(오로스:おろす)할 때나 생선 뼈를 자를 때 사용하기 편리하다. 칼의 길이는

보통 18cm이나 손잡이를 뺀 칼 턱에서 칼날 끝까지를 말하며, 종류는 대, 중, 소로 나뉘며 보통은 18cm 크기면 2kg 정도의 생선을 다룰 수 있고, 크기에 따라 재료에 알맞게 사용한다.

4) 우나기보쵸(うなぎぼうちょう : 鰻包丁) – 장어칼

장어를 손질할 때 편리한 칼로서 일본의 지방에 따라서 관동(關東), 오사카 (大阪), 교토, (京都), 나고야(名古屋) 형 등이 있고, 잡어를 손질할 때는 메우치(めうち)로 장어를 도마에 고정시킨 다음에 손질한다.

5) 토이시(といし : 砥石) – 숫돌

숫돌은 크게 천연 숫돌(天然砥石)과 인조숫돌(人造砥石)로 나뉘는데, 예부터 일본의 전국 각지에서 천연 숫돌이 생산됐지만, 고가로 소량으로 생산되었는데 지금은 희소성의 가치가 있다. 하지만, 인조숫돌이라도 양질의 재료로 만든 것이 많아서 성능과 기능면에서도 좋다. 숫돌의 종류는 굵은 숫돌인 아라토이시(あらといし : 荒砥石), 중간숫돌인 나카토이시(なかといし : 中荒石), 마무리 숫돌인 시아게토이시(しあげといし : 仕上げ荒石) 3종류가 있다. 숫돌로 이루어진 돌의 입자를 번(방)이라한다. 그만큼 입자가 적을수록 거친 숫돌이고, 많을수록 고운 숫돌이다.

※ 사용 용도

① 아라토이시 : #200번으로 처음 칼을 사용할 때나 사용하다가 칼날이 손상이 되었거나 무뎌진 칼날을 세울 때 주로 사용한다.

② 나카토이시 : #1.000번으로 일반적으로 이것 한 가지로만 자주 사용하는 숫돌이지만, 전문인들은 한 번 더 마무리 숫돌로 해야 사용 후 칼의 뒷모습이 예쁘게 나오고 광택이 난다.

③ 시아게토이시 : #3,000방 이상으로 고운 숫돌로 칼 전면을 고루 갈아 마모된 칼의 표면을 고르게 하고 광택이 나게 하여 칼이 녹이 잘 슬지 않게 한다.

6) 얏토코나베(やっとこ鍋) – 집게 냄비

대표적인 일식 냄비로 손잡이가 없는 것이 특징이다. 깊이가 낮은 편평한 모양이라서 조림 등을 할 때 편리하고 냄비를 잡을 때는 집게(펜치)인 얏토코(やっとこ : 鋏)를 이용하므로 이름이 붙여졌다. 크기는 대, 중, 소로로 있으며 재질은 알루미늄이나 동으로 되어 있다.

7) 카타테나베(かたてなべ : 片手鍋) – 편수냄비

양식소스를 뽑을 때나 일반적으로 가장 흔하게 사용하는 냄비로 손잡이가 있어서 사용하기가 편리하다. 양수냄비는 냄비 양쪽에 손잡이가 달려있어 다량의 요리를 삶거나 조릴 때 물을 끓이는 데 사용하기 때문에 비교적 큰 냄비가 많다.

8) 료테나베(りょうて なべ : 兩手鍋) – 양수냄비

양쪽에 손잡이가 두 개 달린 양수냄비는 다량의 요리를 조리거나 삶을 때 편리하다.

9) 아게나베(あげなべ:揚鍋) – 튀김 냄비

튀김 기름의 온도를 일정하게 유지 할 수 있는 냄비가 두껍고 깊이와 바닥이 편평한 것이 좋다. 재질은 철이나 구리합금이 대표적이나 양은이나 알루미늄, 스테인리스 등도 있다. 사용한 후에는 세제나 염화제로 부드럽게 닦아낸다.

10) 타마고야키나베(たまごやきなべ : 卵燒鍋) – 달걀말이 팬

사각형 형태의 다시마키나베(だしまきなべ : 出汁卷鍋)라고도 하며, 처음 사용 할 때 채소 등을 잘라 기름에 볶아서 팬의 길을 들이기도 한다. 팬은 알루미늄재질도 있지만, 열전달이 균일한 구리재가 좋다. 안쪽에 도금되어 있으며, 도금된 곳은 고온에 약하므로 과열로 굽는 것을 피하고, 보관 시에는 기름을 얇게 발라 두고 보관한다.

11) 돈부리나베(どんぶりなべ : 丼鍋) – 덮밥 냄비

쇠고기덮밥(牛肉丼)이나 닭고기와 달걀덮밥(親子丼) 등의 주로 달걀을 풀어서 끼얹는 덮밥을 만들 때 사용한다. 1인분의 적당한 양을 담아 만들기 편리하고, 알루미늄제와 구리가 대표적이다.

12) 테츠나베(てつなべ : 鉄鍋) – 철 냄비

철로 만든 것이라 열전도율과 보온력이 좋은 전골냄비(스키야키나베 : すきやきなべ : 鋤燒鍋)로 처음 사용할 때는 오차나 뜨거운 물로 장시간 끓여서 잿물 등을 제거하고, 프라이팬 등은 한번 끓인 후 채소 자른 것 등을 기름에 볶아 팬에 기름이 스며들게 한 다음 사용한다. 보관할 때는 녹슬지 않게 건조시키거나 기름을 발라두기도 한다.

13) 유키히라나베(ゆきひらなべ : 行平鍋) – 도기 냄비

운두가 낮은 두꺼운 도기(陶器) 냄비로써 손잡이, 뚜껑, 귀때가 있는 냄비로 열의 세기가 약하면서 천천히 열을 전할 수 있어 보온력이 좋다. 또한, 입이 좁아서 수분을 증발하는 면적이 작으므로 죽 등을 끓이기에 좋다.

14) 호우로쿠나베(ほうろくなべ : 炮烙鍋) – 질 냄비

대부분 크고 편평한 뚜껑이 없는 그릇이지만 뚜껑이 달린 것도 있다. 용도는 2개를 겹쳐 재료를 넣어 찜 구이(蒸し燒き)에 사용하기도 하고, 구이요리(燒き物)의 담는(盛り付け)용기로 사용하거나 참깨를 볶을 때도 사용된다.

15) 도나베(土鍋 : どなべ) – 토기 냄비

양쪽에 손잡이가 있는 두꺼운 뚜껑이 있는 냄비로써 재질은 흙으로 만든 토기이지만 재질은 여러 가지가 있고, 열전도율은 늦지만, 보온력이 우수해서 1인분용으로 식탁에 오르는 냄비 요리에 이용된다.

16) 무시키(むしき : 蒸し器) – 찜통

찜통으로 증기를 통해서 재료에 열을 가하는데 찜통의 재질의 종류는 알루미늄. 스테인리스, 합금 등의 목재와 금속재가 있어 사각형이나 원형이 있다. 일반적으로 금속제품을 일반적으로 사용하고, 목재제품의 장점은 열효율은 좋고 나무가 여분의 수분을 적당히 흡수한다.

17) 오토시부타(おとしぶた : 落し蓋) – 나무로 만든 조림용 뚜껑

조림을 할 때 주로 사용하는 조림용 뚜껑은 나무로 만든 것과 종이로 만든 것이 있다. 오토시부타는 조림을 할 때 냄비 중앙에 깊숙이 넣어 재료나 국물에 직접 닿게 하여 양념이 고루 스며들도록 하고, 조림이 빨리 되는 역할을 한다.

18) 오로시가네(おろしがね : 卸金) - 강판

강판으로 무, 생강이나 고추냉이 등을 갈 때 사용하는 하는 것으로 재질은 종류가 많은데 도기, 스테인리스, 동, 알루미늄, 플라스틱 등이 있다. 종류에 따라 눈의 크기는 크고 작은 것이 있는데 보통 무는 큰 것에 생강이나 와사비는 작은 것에 사용한다, 사용 후에는 물로 세척하여 구멍의 눈 사이에 남아 있는 이물질을 대나무 꼬치나 솔 등을 이용해서 깨끗이 제거한다.

19) 스리바치/스리코기(すりばち : 擂鉢/すりこぎ : 擂こ木) - 일본식 절구통/절구 방망이

스리바치와 스리코기는 한 셋트(Set)로 이것의 용도는 재료를 잘게 으깨거나, 끈기가 나도록 하는데 사용한다. 절구통의 재질은 흙으로 만들어 구운 것으로 특징적인 것은 내부에 잔잔한 빗살무늬의 홈이 파여 있어 재료를 짓이겨 부수며 갈거나 잘 섞어 주는데 용이하다.

20) 나가시캉(ながしかん : 流し岳) - 굳힘틀, 배트

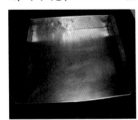

사각으로 된 굳힘 틀로써 특징은 두 겹으로 있어서 은 사각 형태의 스테인리스로 만든 두 겹으로 된 것이고, 달걀, 두부 등의 찜 요리(むしもの), 참깨두부(ごまどうふ) 같은 네리모노(ねりもの)와 한천을 이용한 요세모노(よせもの) 등을 만드는 데 사용한다.

21) 오시바코(おしばこ : 御し想) - 상자초밥용 눌림통

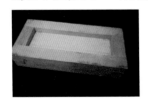

오시바코는 두 종류가 있는데 목재로 된 사각 상자초밥용과 각종 모양의 홈에 밥을 넣어 눌러서 눌러 모양을 찍어내는 것이 있다. 사용할 때는 상자 박스에 랩을 깔고 밥이나 초밥을 넣고 위에 재료를 얹어 랩을 덮은 후 뚜껑으로 눌러 뚜껑과 몸체를 들어내면 밑판에 초밥이나 상자초밥이 만들어진다. 사용하기 전에는 물을 적셔 주어야만 밥알이 상자초밥에 달라붙지 않는다.

22) 카네쿠시(かねくし : 金串) - 쇠꼬챙이

일본요리에서 생선구이를 할 때는 샐러맨더에서 스테인리스로 만든 쇠꼬챙이를 끼워서 굽기 때문에 재료의 구이를 아름답고 멋있게 구울 수 있다. 꼬치 등을 구울 때에는 대나무로 만든 제품을 사용하고, 용도에 따라서 굵기와 길이, 그리고 모양이 다양하게 만든 제품들이 있다.

23) 자루/타케카고(ざる : 笊 / たけかご : 竹籠) - 소쿠리, 대소쿠리

소쿠리의 재질은 대부분 대나무로 된 것과 스테인리스, 플라스틱으로 된 것이 있다. 용도는 재료를 말리거나 물기를 빼기도 하고, 재료를 넣은 채로 데치는 등 폭넓게 사용한다. 소쿠리의 종류는 큰 것과 작은 것 평평한 것과 깊은 것, 둥근 것과 사각 진 것 등 다양하다.

24) 한기리(はんぎり : 半切リ) - 나무로 만든 초밥 비빔통

초밥을 비빔통으로써 노송나무(히노키 : ひのき) 등으로 만든 목재 제품이다. 사용할 때는 사전에 반드시 물로 충분히 수분을 흡수하도록 한 다음 사용해야 밥알이 달라붙지 않으면서 초밥초도 많이 스며들지 않기 때문이다. 특징은 목재제품이기 때문에 초밥초가 많을 때는 흡수 해주고 적을 때는 내뱉어주는 역할을 한다. 보관은 세척하여 뒤집어 놓고 가끔 수분을 흡수시켜야 갈라지지 않는다.

25) 마키스(まきす : 巻き簀) - 김발

김발로써 김초밥, 달걀말이나 배추를 말아서 모양을 잡거나 삶은 채소를 건조시키는 등 다양하게 사용한다. 특징은 대나무로 되어 있어 견고하여 강한 열에도 변형

되지 않는다. 특히, 오니스다레(おにすだれ)는 삼각형의 굵은 대나무를 엮어서 만든 것으로 다테마키(だてまき : 伊達巻)를 만들 때 파도 물결 모양을 내기도 한다.

26) 호네누키(ほねぬき : 骨抜き) – 핀셋

놀래미나 고등어, 연어 등 생선의 치아이(ちあい : 血合い) 부분의 잔가시를 제거나 유자 과육의 씨를 빼내거나 닭이나 조류 등의 잔털을 뽑는 데에도 편리 사용하는 핀셋이다. 특히, 생선뼈를 뽑을 때는 뼈의 모양과 평형으로 하여 머리 쪽으로 잡아당겨 뽑아야 생선살이 부서지지 않고 잘 뽑힌다.

27) 메우치(めうち : 目打) – 장어를 고정시키는 송곳

뱀장어나 갯장어 붕장어를 손질할 때 장어송곳 으로 장어의 머리 부분에 찔러서 도마에 고정시키는 역할을 한다.

28) 우로코히키, 코케히키(うろこひき, こけひき) – 비늘 벗기는 도구

도미, 농어, 연어 등의 생선의 비늘을 제거하는 조리도구로써 비늘을 벗길 때 생선은 머리 방향으로 긁어야 잘 벗겨진다.

29) 하케(はけ : 刷毛) – 조리용 붓

요리용 붓으로 민물장어나 구이 요리 등에 타레(たれ : 垂れ)를 바르거나 잔 칼집을 넣은 노래미 등의 튀김 재료에 전분 가루를 얇게 바를 때 등 용도가 다양하다.
붓의 길이나 털의 재질은 용도에 따라서 다양하다.

30) 쵸리노바시(ちょうりのばし : 調理の箸) – 조리용 젓가락

① 사이바시(さいばし) : 대나무 제품으로 요리할 때나 반찬을 나누어 담을 때 사용하는 긴 나무젓가락을 말한다. 끝 부분이 가늘게 깎여진 것이 취급하기 편리하고, 튀김용 젓가락(아게바시 : あげばし)은 사용할수록 타들어 가는 것이 단점이 있다.

② 카나바시(かなばし) : 손잡이는 나무나 플라스틱으로 되어 있고, 젓가락은 금속제품으로 되어 있어서 생선회 등을 담을 때 사용하는 젓가락이다. 또한, 열에 강해 튀김용으로도 적합하다.

③ 코네바시(こねばし) : 튀김옷을 섞을 때 사용하는 죽(竹) 제품 또는 목재의 굵은 젓가락이다.

31) 쿠리누키(くりぬき : 刳り貫き) – 파는 도구

과일류의 씨앗을 빼내거나 당근, 호박 등을 둥글게 파내는 도구이다.

32) 우치누키(うちぬき : 打ち抜き) – 심을 빼는 것

우엉이나 오이 등의 채소류나 사과 등 과일류의 심을 뽑을 때 사용하는 원통형의 도구이다.

33) 누키카타(ぬきかた : 抜き形) – 찍는 틀

스테인리스 제품으로써 식재료의 모양을 원하는 형태로 찍어서 빼면 꽃모양, 별모양, 동물 모양 등 다양한 크기와 형태를 만들 수 있다.

34) 우라고시(うらごし : 裏漉) - 체

우라고시는 원형의 목판에 망을 씌운 것으로 스테인리스 제품도 있다. 용도는 삶은 식재료를 내리거나 가루를 체 치거나 국물 등을 걸러 건더기를 걸러내는 등 다양하게 사용한다. 망의 재질은 말 꼬리 털, 스테인리스, 나일론 등이 있다. 특히, 말의 털로 만든 것은 가루를 거를 때만 사용하고 절대로 물에 적시지 않도록 주의한다.

35) 이치몬치(いちもんち : 一文字) - 뒤집개

일반적인 뒤집개로써 젓가락으로 잡기 곤란한 크기나 부드러운 재료를 뒤집을 때 사용하는 편리한 주걱의 일종이다.

36) 타케노카와(たけのかわ : 竹の皮) - 대나무 껍질

큰 죽순 껍질을 말린 것으로써 재료를 감쌀 때 이외에는 물이나 뜨거운 물에 불려서 사용하는데, 용도는 잔 칼집을 낸 후 냄비의 바닥에 깔고 식재료를 넣고 조리거나 삶으면 재료가 눌어붙거나 타는 것을 방지할 수 있고, 끈 형태로 재료를 묶어 형태를 정리할 때도 사용한다.

37) 우스이타(うすいた : 薄板) - 엷은 판자종이

재질은 노송나무(히노키 : ひのき"檜)나 삼나무(스기 : すぎ:杉)를 종이 장처럼 엷게 깎아 만든 것으로써 용도는 손질한 생선을 싸서 냉장고에 보관 때나 요리를 감싸서 모양을 잡기도 하고 삶은 채소를 말아서 물기를 제거할 때도 사용한다. 또한, 냄비의 바닥에 깔아서 사용하기도 하고 과일이나 각종 요리의 장식용으로 많이 사용한다.

38) 아미쟈쿠시(あみじゃくし : 網杓子) - 그물 국자

튀김을 할 때 튀김을 건지거나 튀김 찌꺼기(텐카스 : てんかす : 天滓) 등을 건져 내는 데 사용된다. 튀김 냄비 직경의 1/3 크기가 좋다.

39) 오시가타(おしがた : 押し型) - 밥 모양 찍는 틀

밥을 넣고 찍어서 형태를 만드는 도구로써 재질은 합성수지, 목재, 스테인리스와 나무를 합한 것 등이 있다. 각종 꽃모양, 부채모양 등 다양한 종류가 있다.

40) 사사라(ささら : 籭) 대나무 솔

생선을 씻거나 손질할 때 속의 내장을 제거한 후 배속의 핏덩어리나 이물질 등을 씻어내는데 편리한 도구이다.

일식조리기능사 수험자 유의사항

❶ 만드는 순서에 유의하며, 위생과 숙련된 기능평가를 위하여 조리작업 시 맛을 보지 않습니다.

❷ 지정된 수험자지참준비물 이외의 조리기구나 재료를 시험장 내에 지참할 수 없습니다.

❸ 지급재료는 시험 전 확인하여 이상이 있을 경우 시험위원으로부터 조치를 받고 시험 중에는 재료의 교환 및 추가지급은 하지 않습니다.

❹ 요구사항의 규격은 "정도"의 의미를 포함하며, 지급된 재료의 크기에 따라 가감하여 채점합니다.

❺ 위생복, 위생모, 앞치마를 착용하여야 하며, 시험장비·조리도구 취급 등 안전에 유의합니다.

❻ 다음 사항에 대해서는 채점 대상에서 제외하니 특히 유의하시기 바랍니다.

가) 기권 – 수험자 본인이 시험 도중 시험에 대한 포기 의사를 표현하는 경우

나) 실격

- 가스레인지 화구 2개 이상(2개 포함) 사용한 경우
- 불을 사용하여 만든 조리작품이 작품특성에 벗어나는 정도로 타거나 익지 않은 경우
- 위생복, 위생모, 앞치마를 착용하지 않은 경우
- 시험 중 시설·장비(칼, 가스레인지 등) 사용 시 시험위원 및 타 수험자의 시험 진행에 위해를 일으킬 것으로 시험위원 전원이 합의하여 판단한 경우

다) 미완성

- 시험시간 내에 과제 두 가지를 제출하지 못한 경우
- 문제의 요구사항대로 과제의 수량이 만들어지지 않은 경우

라) 오작

- 구이를 조림 등으로 조리하여 완성품을 요구사항과 다르게 만든 경우
- 해당 과제의 지급재료 이외의 재료를 사용하거나 석쇠 등 요구사항의 조리도구를 사용하지 않은 경우
- 요구사항에 표시된 실격, 미완성, 오작에 해당하는 경우

❼ 항목별 배점은 위생상태 및 안전관리 5점, 조리기술 30점, 작품의 평가 15점입니다.

❽ 시험 시작 전 가벼운 몸풀기(스트레칭) 동작으로 긴장을 풀고 시험을 시작합니다.

일식 조리기능사 실기시험

끝장내기

● 19가지 레시피 ●

갑오징어명란무침 / 도미머리 맑은국 /

대합 맑은국 / 된장국 / 도미조림 / 문어초회 /

해삼초회 / 소고기덮밥 / 우동야끼 / 메밀국수 /

삼치 소금구이 / 소고기 간장구이 / 전복버터구이 /

달걀말이 / 도미술찜 / 달걀찜 / 생선초밥 /

참치 김초밥 / 김초밥

갑오징어명란무침

조리시간 20분

코우이카노멘타이코아에
こういかのめんたいこあえ
甲烏賊の明太子和え
Marinated Cuttle Fish and Cod-Roe with Sake

01

요 / 구 / 사 / 항

※ 주어진 재료를 사용하여 다음과 같이 갑오징어 명란젓 무침을 만드시오.

가. 명란젓은 껍질을 제거하고 알만 사용하시오.

나. 갑오징어는 속껍질을 제거하여 사용하시오.

다. 갑오징어를 두께 0.3cm로 채 썰어 청주를 섞은 물에 데쳐 사용하시오.

지 / 급 / 재 / 료 / 목 / 록

갑오징어 몸살	70g	소금(정제염)	2g
명란젓	40g	청차조기잎(시소 : 깻잎으로 대체	
무순	10g	가능)	1장
청주	30㎖		

중요레시피

- 갑오징어와 명란젓의 비율을 3:1 정도, 청주 15㎖

용어해설

- 코우이카[こういか : 甲烏賊] 갑오징어
- 멘타이[めんたい : 明太] 명태
- 멘타이코[めんたいこ : 明太子] 명란젓
- 아에모노[あえもの : 和え物] 무침 요리
- 사쿠라아에[さくらあえ : 桜会え] 벚꽃 무침
- 이토즈쿠리[いとづくり : 糸作] 생선회나 오징어 등을 가늘게 썬 것
- 카이와레[かいわれ : 貝割] 무순
- 하시[はし : 箸] 나무젓가락

만드는 방법

1_준비작업

재료세척과 재료분리를 하고, 청차조기잎은 찬물에 담가둔다.

> 유용한 TIP

● 레몬이 출제될 경우에는 껍질만 얇게 채 썰어서 올려준다.

● 갑오징어 명란젓 무침은 연한 분홍빛의 벚꽃 핀 것과 같아서 '사쿠라아에'라고도 한다.

2_갑오징어 손질하기

❶ 갑오징어는 손질한 후 겉껍질과 속껍질을 벗긴다.

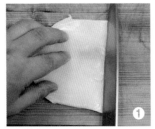

> 유용한 TIP

● 갑오징어는 겉, 속껍질을 완전히 제거한다.

❷ 길이 5cm로 비스듬히 얇게 포를 뜬 후 두께는 03.cm 정도로 가늘게 채 썬다.

❸ 냄비에 약간의 청주를 넣은 물에 물의 온도가 50℃ 될 때 살짝 데쳐서 재빨리 찬물에 헹구어 체에 받혀 물기를 제거한다.

> 유용한 TIP

● 갑오징어는 '이토즈쿠리'해서 미지근한 청주 물에 살짝 데친다.

3_명란젓 손질하기

명란젓은 칼날로 반을 갈라서 칼
등으로 명란젓 속만 긁어내고 겉
껍질은 버린다.

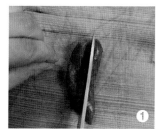 

4_양념 후 섞기

볼에 2+3과 청주로 양념 후 나무
젓가락으로 잘 저어서 섞는다.

유용한 TIP
- 갑오징어와 명란젓의 비
  율은 3:1 정도로 하고,
  무칠 때 나무젓가락을
  사용한다.
- 갑오징어 명란젓의 분홍
  빛 색깔이 나도록 한다.

5_모양 내기

완성그릇에 청차조기를 깔고 갑
오징어 명란젓 무침을 수북이 담
고 무순을 곁들인다.

유용한 TIP
- 무순은 미리 물속에 담
  가두면 흐트러지기 때문
  에 씻어서 뒀다가 가지런
  히 세워서 담는다.

6_완성하기

요구사항에 맞게 마무리한 후 제
출한다.

① 준비작업 ② 갑오징어 손질하기 ③ 명란젓 손질하기 ④ 양념 후 섞기 ⑤ 모양 내기 ⑥ 완성하기

도미머리 맑은국

타이노스이모노
たいのすいもの
鯛の吸い物
Sea Bream Clear Soup

02

요 / 구 / 사 / 항

※ 주어진 재료를 사용하여 도미머리 맑은국을 만드시오.

가. 도미머리 부분을 반으로 갈라 50~60g 정도 크기로 사용하시오.

    (단, 도미는 머리만 사용하여야 하고, 도미 몸통(살) 사용할 경우 오작 처리)

나. 소금을 뿌려 놓았다가 끓는 물에 데쳐 손질하시오.

다. 다시마와 도미머리를 넣어 은근하게 국물을 만들어 간하시오.

라. 대파의 흰 부분은 가늘게 채(시라가네기) 썰어 사용하시오.

마. 간을 하여 각 곁들일 재료를 넣어 국물을 부어 완성하시오.

지 / 급 / 재 / 료 / 목 / 록

도미	200~250g
대파(흰 부분)	10㎝ 정도
죽순	30g
건다시마(사방 5cm×10cm)	1장
소금(정제염)	20g

국간장(진간장 대체 가능)	1㎖
레몬	1/4개
청주	5㎖

중요레시피

- 다시마 국물 200cc, 청주 5㎖, 국간장 1㎖, 소금 1g

용어해설

- 시라가네기[しらがねぎ : 白髪葱] 백발 대파, 파를 가늘게 채 썬 후 흐르는 물에 진액을 빼낸 것
- 시모후리[しもふり : 霜降] 재료를 뜨거운 물에 재빨리 데쳐 냉수에 담가 씻어내는 것
- 코케히키[こけひき : 鱗引] = 우로코히키[うろこひき]라고도 하며 생선의 비늘을 제거할 때 사용하는 도구

만드는 방법

1_준비작업

재료세척과 재료분리를 한다.

2_도미 손질하기

도미를 손질해서 데바칼로 도미머리를 가른 후 소금을 뿌려 놓았다가 채소를 데친 물에 식초 약간 넣고 데쳐서 찬물에 헹궈 비늘과 이물질을 제거한다.

유용한 TIP
- 도미머리를 가를 때는 입 부위를 위쪽으로 한 후 데바칼로 앞니 두 개 사이로 힘을 주고 누른다.

3_채소 손질하기

❶ 대파의 흰 부분의 가운데 심을 빼내고 반으로 접어서 가늘게 채 썬 후 (시라가네기) 찬물에 헹군다.

유용한 TIP
- 대파 채는 흰 부분을 아주 가늘게 잘라서 찬물에서 대파의 진액을 흐르는 물로 빼고, 물기 제거 후 사용한다.

❷ 죽순은 빗살 모양으로 2쪽 준비 후 시모후리 한다.

❸ 레몬으로 오리발 모양을 만들어 놓는다.

4_끓이기

냄비에 찬물과 건다시마와 도미머리를 넣고 은근히 끓이다가 끓기 직전 다시마를 건진다.

유용한 TIP

- 도미를 데친 후 찬물에 오래 두면 살이 부서질 염려가 있다.
- 맑은국을 끓일 때는 은근한 불로 끓여야 맛이 잘 우러나오고 국물이 맑다.
- 간장은 국물이 진하지 않게 1~2방울만 넣는다.

5_완성하기

❶ 도미머리가 익으면 청주와 소금, 국간장으로 간을 한 후 도미머리는 완성그릇에 담고 국물을 면포를 깔고 걸러서 완성그릇에 7부 정도 붓는다.

❷ 위의 국물의 거품을 걷어내고 대파 채와 오리발을 올려서 완성한다.

유용한 TIP

- 쑥갓이 나오면 다듬어서 찬물에 담가두었다가 마지막에 올려놓는다.

①	②	③	④	⑤
준비작업	도미 손질하기	채소 손질하기	끓이기	완성하기

대합 맑은국

하마구리노스이모노
はまぐりのすいもの
蛤の吸い物
Clam Clear Soup

03

요 / 구 / 사 / 항

※ 주어진 재료를 사용하여 대합 맑은국을 만드시오.

가. 조개 상태를 확인한 후 해감하여 사용하시오.

나. 다시마와 백합조개를 넣어 끓으면 다시마를 건져내시오.

지 / 급 / 재 / 료 / 목 / 록

백합조개(개당 40g 정도) 5cm 내외		소금(정제염)	10g
쑥갓	10g	국간장(진간장 대체 가능)	1mℓ
레몬	1/4개	건다시마(5×10cm)	1장
청주	5mℓ	죽순	30g

중요레시피

● 백합조개국물
다시마 국물 200mℓ, 청주 5mℓ, 국간장 1mℓ, 소금 1g, 레몬 오리발, 쑥갓

용어해설

● 스이모노[すいもの : 吸物] = 스마시지루 [すましじる] = 오스마시[おすまし] 맑은국
● 하마구리[はまぐり : 蛤] 대합
● 카가미카이[かがみがい] 백합조개
● 타케노코[たけのこ : 竹の子] 죽순
● 레몬[レモン] 레몬

만드는 방법

1_준비작업

재료세척과 재료분리를 한다.

2_백합조개 해감하기

백합조개는 소금물에 해감을 시
킨다.

┌─────────────┐
│ 유용한 TIP │
└─────────────┘

● 대합은 서로 부딪혀 보아서 맑고 차돌 소리가 나면 살아있
  는 것이고 해감을 한 후 사용한다.

3_채소 손질하기

❶ 죽순은 석회질을 제거한 후
빗살 모양으로 2쪽을 준비 후 끓
는 물에 데쳐 찬물에 식힌다.

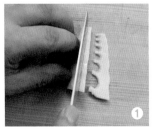

┌─────────────┐
│ 유용한 TIP │
└─────────────┘

● 죽순이 안 나올 수도 있
  으며 대파가 나오면 '시
  라가네기'를 한 후 올려
  준다.
● 죽순이 나올 경우에는
  석회질을 제거해서 빗살
  모양으로 잘라서 데쳐서
  사용한다.

❷ 레몬으로 오리발, 쑥갓은 다듬
어 찬물에 담가둔다.

4_끓이기

❶ 냄비에 찬물 2컵과 대합과 다
시마를 넣고 약한 불에서 은근히
끓이다가 끓기 직전에 다시마는
건진다.

❷ 은근히 끓여서 백합조개의 입이 벌어지면 건져서 찬물에 씻어 완성그릇에 담아둔다.

유용한 TIP ● 간장은 국물이 진하지 않게 1~2방울만 넣는다.
● 대합은 오래 끓이면 질겨지고, 입이 벌어지면 익은 것이다.
● 중요한 것은 대합의 손질방법과 대합 국물이 맑게 나와야 한다.

❸ 백합조개 국물은 면포에 거른 후 냄비에 죽순을 넣고 국물을 끓여 청주, 소금, 약간의 간장으로 맛을 낸다.

5_완성하기

완성그릇에 담아둔 백합조개와 죽순을 담고 여기에 대합 국물을 7부 정도 부은 후 그 위에 쑥갓과 오리발을 띄워낸다.

1	2	3	4	5
준비작업	백합조개 해감하기	채소 손질하기	끓이기	완성하기

된장국

조리시간 20분

미소시루
みそしる
味噌汁
Soy Bean Soup

04

요 / 구 / 사 / 항

※ 주어진 재료를 사용하여 된장국을 만드시오.

가. 다시마와 가다랑어포(카츠오부시)로 가다랑어국물(카츠오다시)을 만드
시오.

나. 1cm×1cm×1cm로 썬 두부와 미역은 데쳐 사용하시오.

다. 된장을 풀어 한소끔 끓여내시오.

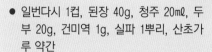

중요레시피

● 일번다시 1컵, 된장 40g, 청주 20㎖, 두
부 20g, 건미역 1g, 실파 1뿌리, 산초가
루 약간

용어해설

● 시로미소[しろみそ : 白味噌] 흰 된장
● 아카미소[あかみそ : 赤味噌] 적 된장
● 아카다시[あかだし : 赤出汁] 적 된장국
● 와카메[わかめ : 若布] 미역
● 아사츠키[あさつき : 浅葱] 실파
● 산쇼[さんしょう : 山椒] 산초
● 코나[こな : 粉] 가루

지 / 급 / 재 / 료 / 목 / 록

일본 된장	40g	산초가루	약간
건다시마(5x10cm)	1장	가다랑어포(가츠오부시)	5g
판두부	20g	건미역	5g
실파(1뿌리)	20g	청주	20㎖

만드는 방법

1_준비작업

재료세척과 재료분리를 하면서
미역은 찬물에 불린다.

2_일번다시 뽑기

냄비에 찬물과 위생행주로 닦은
다시마를 넣고 끓이다가 다시가
끓기 직전에 다시마는 건져 낸 후
물이 끓을 때 가다랑어포를 넣고
불을 끈 다음 약 3~5분 후에 면
포를 받힌 체에 걸러 일번다시(一
番出汁)를 뽑는다.

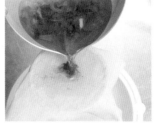

3_부재료 손질하기

❶ 두부는 사방 1㎝ 주사위 모양
으로 자른 후 소금을 넣은 물에
데친다.

❷ 불린 미역을 소금을 약간 넣
은 물에 데쳐 헹궈 잘게 자른다.

❸ 실파는 송송 채 썰어서 체에
밭쳐 헹궈 물기를 뺀다.

4_간하기

냄비에 가다랑어 국물에 된장을 풀어서 은근히 끓으면 청주로 간을 후 거품을 걷는다.

> **유용한 TIP**
>
> ● 콩으로 발효한 우리나라 된장과 달리 일본식 된장국은 밀가루 등으로 발효시킨 것이기 때문에 오래 끓이면 텁텁하고 시큼한 맛이 난다.
> ● 된장국은 싱거우면 된장을 더 넣고 진하면 다시를 더 추가해서 간을 맞춘다.

5_완성하기

완성 그릇에 두부와 실파를 담고 끓인 된장국을 7부 정도 붓고 실파와 산초가루를 뿌린다.

> **유용한 TIP**
>
> ● 산초가루는 박하향이 나는 향신료로 비린 맛과 식욕촉진을 하는 역할을 한다.
> ● 된장과 내용물은 비율로 1:5 정도만 넣는다.

1	2	3	4	5
준비작업	일번다시 뽑기	부재료 손질하기	간하기	완성하기

도미조림

타이아라니
たいあらに
鯛粗煮
Braised Sea Bream]

05

요 / 구 / 사 / 항

※ 주어진 재료를 사용하여 다음과 같이 도미조림을 만드시오.

가. 손질한 도미를 5~6㎝로 자르고 머리는 반으로 갈라 소금을 뿌리시오.

나. 머리와 꼬리는 데친 후 불순물을 제거하시오.

다. 냄비에 앉혀 양념하여 조리하시오.

라. 완성 후 접시에 담고 생강채(하리쇼가)와 채소를 앞쪽에 담아내시오.

지 / 급 / 재 / 료 / 목 / 록

도미	200~250g	청주	50㎖
우엉	40g	진간장	90㎖
꽈리고추(2개 정도)	30g	소금(정제염)	5g
통생강	30g	건다시마(5×10㎝)	1장
흰 설탕	60g	맛술(미림)	50㎖

중요레시피

● 조림 소스
다시물이나 물(도미가 잠길 정도)
200~250㎖, 진간장 90㎖, 맛술 50㎖, 청주 50㎖, 흰설탕 60g

용어해설

● 아라니[あらぃ : 粗煮] 도미나 은대구 등을 간장, 다마리 간장, 청주. 맛술, 다시물 등과 우엉, 죽순 등의 채소류를 같이 넣고 국물이 없을 정도로 윤기나게 졸이는 것

● 하리쇼가[はリしょうが : 針生姜] 생강을 바늘 굵기로 가늘게 채 썬 것

● 오토시부타[おとしぶ : た落し蓋] 냄비나 용기 속에 들어가게 만든 나무로 된 조림용 뚜껑

● 시오즈케[しおずけ : 塩漬] 소금에 절이는 것

● 멘토리[めんとり : 面取リ] 당근이나 무 등의 각진 부분을 깎아서 예쁘게 하는 것

1_준비 및 다시마 국물 뽑기

재료세척과 재료분리를 한다. 냄비에 찬물과 위생행주로 먼지를 제거한 건다시마를 넣고 은근히 끓이다가 다시물이 끓기 직전(95℃)에 다시마를 건진다.

2_도미 손질하기

❶ 도미는 비늘과 아가미, 내장을 제거한 후 깨끗이 씻고, 머리, 몸통, 꼬리 부분으로 3등분한다.

❷ 도미머리는 데바칼로 반으로 가르고, 꼬리는 X자, 꼬리지느러미를 V자 모양을 내어 몸통과 같이 소금에 절인다.

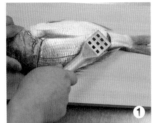 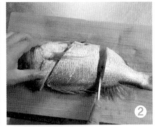 

3_채소 손질하기

❶ 칼등으로 껍질을 벗긴 우엉은 길이 5㎝로 잘라서 4등분해서 멘토리한 후 한 번 삶아서 사용한다.

❷ 껍질을 벗긴 통생강은 최대한 얇게 저며 썬 후 겹쳐서 채 썰어 찬물에 담가 전분기를 뺀다.

❸ 꽈리고추도 꼭지를 딴다.

- 생강은 가늘게 채 썰어 색깔과 쓴맛과 전분기를 빼기 위해서 찬물에 헹군다.
- 우엉은 생으로 조려도 되지만 일본식은 한 번 삶아서 사용한다.

4_ 도미 조리기

❶ 조림 냄비에 우엉을 깔고 껍질이 위로 한 도미를 놓고 도미 양념장과 다시물을 도미가 잠길 정도로 부어서 쿠킹호일이나 나무뚜껑(오토시부타)을 덮어서 조린다.

❷ 국물이 1큰술 정도 남을 때 생강즙과 꽈리고추를 넣고 한 번 더 바삭 조린다.

- 조림 소스에 넣는 간장과 설탕은 색깔을 보면서 가감한다.
- 조림 냄비에 도미는 껍질을 위로 해야 눌어붙지 않는다.
- 도미조림을 할 때 나무뚜껑을 하는 두 가지 이유는 ① 조림이 빠르다. ② 양념이 고루 배여 든다.

- 꽈리고추는 파란색을 살리기 위해서 마지막 1~2분 전에 넣고 조린다.
- 간장은 처음부터 전부 넣지 말고 마지막에 1~2큰술로 색깔을 조절한다.

5_ 완성하기

완성그릇에 도미조림을 놓고 앞쪽의 양옆에 우엉과 꽈리고추를 놓고 생강 채를 곁들인다.

- 완성그릇에 도미조림을 부서지지 않도록 담고 마지막 남은 국물을 끓여 한 번 더 끼얹는다.

①	②	③	④	⑤
준비 및 다시마 국물 뽑기	도미 손질하기	채소 손질하기	도미 조리기	완성하기

문어초회

조리시간
20분

타코노스노모노
たこのすのもの
蛸の酢の物
Vinegared Octopus

06

타코노스노모노
たこのすのもの
蛸の酢の物

요 / 구 / 사 / 항

※ 주어진 재료를 사용하여 다음과 같이 문어초회를 만드시오.

가. 가다랑어국물을 만들어 양념초간장(토사즈)을 만드시오.

나. 문어는 삶아 4~5㎝ 길이로 물결모양썰기(하쵸기리)를 하시오.

다. 미역은 손질하여 4~5㎝ 정도 크기로 사용하시오.

라. 오이는 둥글게 썰거나 줄무늬(쟈바라)썰기 하여 사용하시오.

마. 문어초회 접시에 오이와 문어를 담고 양념초간장(토사즈)을 끼얹어 레몬으로 장식하시오.

지 / 급 / 재 / 료 / 목 / 록

문어 다리(생문어 80g 정도)	1개	식초	30㎖
건미역	5g	건다시마(5×10cm)	1장
레몬	1/4개	진간장	20㎖
오이(가늘고 곧은 것, 20㎝ 정도)		흰설탕	10g
	1/2개	가다랑어포(카츠오부시)	5g
소금(정제염)	10g		

중요레시피

● 토사즈(양념초간장)
일번다시 45㎖, 간장 15㎖, 식초 15㎖, 흰설탕 10g

용어해설

● 스[す : 酢] 식초

● 스아라이[すあらい : 酢洗い] 식초로 씻는 것

● 시모후리[しもふり : 霜降] ① 재료를 뜨거운 물에 재빨리 데쳐 냉수에 담가 씻어 내는 것 ② 육류의 육질 속의 지방 분포도 또는 마블링 (Marbling)

● 쟈바라큐리[じゃばらきゅうり : 胡瓜] 원래는 수도꼭지 등에 끼우는 신축성 있는 호스를 뜻하지만, 오이를 뱀 비늘 모양으로 자른 것을 말한다.

● 사자나미 기리[さざなみぎり : 細波切リ] 잔물결모양 자르기로 전복, 문어 등을 칼을 밀었다 잡아당겼다 하면서 작은 물결치는 모양으로 굴곡이 가게 자른다. 이런 모양은 보기에도 좋을 뿐만 아니라 간장을 찍었을 때 잘 묻힌다.

● 삼바이즈[さんばいず : 三杯酢] 삼배초

● 다이콩오로시[だいこんおろし : 大根卸] 무즙

● 토사즈[とさず : 土佐酢] 토사초, 혼합초

● 하쵸기리[はじょうぎり : 波状切] 물결 모양, 파도 모양

만드는 방법

1_준비작업

재료세척과 재료분리를 한다.

2_일번다시 뽑기

냄비에 찬물 1/2컵과 위생행주로 닦은 건다시마를 넣고 끓이다가 다시가 끓기 직전에 다시마는 건져 낸 후 물이 끓을 때 가다랑어포를 넣고 불을 끈 다음 약 3~5분 후에 면포를 받힌 체에 걸러 일번다시(一番出汁)를 뽑는다.

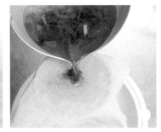

3_토사초 만들기

냄비에 일번다시, 설탕, 식초, 간장을 넣고 설탕이 녹을 정도로 살짝 끓여 식힌다.

4_문어 손질하기

문어는 손질하여 끓는 물에 간장, 식초를 넣고 부드럽게 삶아서 식힌다.

> 유용한 TIP
>
> ● 만약 시험장에서 삶은 문어가 제출되면 바로 사용하고 생문어인 경우는 소금으로 문질러 씻은 후 물에 간장, 청주, 식초를 넣고 냄비 뚜껑을 열고 반쯤 삶아서 사용한다.

5_오이 손질하기

오이는 가시를 제거 후 소금으로 문질러 씻은 후 양면에 각각 2/3 정도 깊이로 어슷하게 칼집을 촘촘히 넣은 후 소금물에 절인다.

유용한 TIP

● 오이 쟈바라를 자를 때는 양쪽에 동일하게 2/3 깊이까지 일정하게 칼집을 넣는다.

6_미역 손질하기

불린 미역은 끓는 물에 소금을 약간 넣고 미역을 데쳐 찬물에 헹군 후 김발에 감아서 꼭 눌러 모양을 잡는다.

유용한 TIP

● 미역은 찬물에 불린 후 소금으로 문질러 씻은 다음 약간의 소금을 넣은 물에 데쳐서 찬물에 헹군다.

7_완성 재료 담기

완성 그릇에 절인 오이를 씻어 수분 제거 후 2㎝ 길이로 2~3쪽 자르고, 미역도 4~5㎝ 길이로 잘라 놓고 문어를 물결모양썰기(하쵸기리)한 다음 세워서 놓고, 레몬을 반달로 잘라서 놓는다.

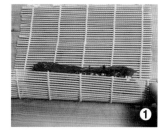

8_완성하기

마지막으로 토사초를 골고루 자작하게 끼얹는다.

유용한 TIP

● 문어는 "사자나미기리"로 자르는데 길이 4~5㎝, 두께는 2~3mm로 파도 물결 모양으로 자르는데 이렇게 하면 모양도 보기 좋을 뿐 아니라 간장이 문어에 잘 묻히게 하기 위해서이다.

| ① 준비작업 | ② 일번다시 뽑기 | ③ 토사초 만들기 | ④ 문어 손질하기 | ⑤ 오이 손질하기 | ⑥ 미역 손질하기 | ⑦ 완성 재료 담기 | ⑧ 완성하기 |

해삼초회

나마코노스노모노
なまこのすのもの
海鼠の酢の物
Vinegared Sea Cucumber

07

요 / 구 / 사 / 항

※ 주어진 재료를 사용하여 다음과 같이 해삼 초회를 만드시오.

가. 오이를 둥글게 썰거나 줄무늬(쟈바라)썰기하여 사용하시오.

나. 미역은 손질하여 4~5㎝ 정도로 써시오.

다. 해삼은 내장과 모래가 없도록 손질하고 힘줄(스지)을 제거하시오.

라. 빨간 무즙(아카오로시)과 실파를 준비하시오.

마. 초간장(폰즈)를 끼얹어 내시오.

지 / 급 / 재 / 료 / 목 / 록

해삼(Fresh)	100g	**소금**(정제염)	5g
오이(가늘고 곧은 것, 20㎝ 정도)		**건다시마**(5×10㎝)	1장
	1/2개	**가다랑어포**(카츠오부시)	10g
건미역	5g	**식초**	15㎖
실파(1뿌리)	20g	**진간장**	15㎖
무	20g	**고춧가루**(고운 것)	5g
레몬	1/4개		

중요레시피

- 폰즈
  일번다시 15㎖, 진간장 15㎖, 식초 15㎖
- 야쿠미
  무즙 20g, 고운 고춧가루 5g, 실파 1뿌리, 레몬 1/4개

용어해설

- 나마코[海鼠 : なまこ] 해삼
- 코노와타[このわた : 海鼠腸] 해삼 창자젓
- 와카메[わかめ : 若芽] 미역
- 큐리[きゅうり : 胡瓜] 오이
- 아카오로시[あかおろし : 赤下ろし] = 빨간 무즙 = 모미지오로시 紅葉下ろし : 무즙에 빨간 고춧가루를 섞은 것
- 아사츠키[あさつき : 浅葱] 실파, 잔파
- 토우가라시[とうがらし : 唐辛子] 고추
- 다이콩[だいこん : 大根] 무
- 레몬[レモン] 레몬
- 폰즈소스[ぽんずース] 감귤류로 만든 즙

1_준비작업

재료세척과 재료분리를 하고, 건
미역을 찬물에 담가 불린다.

2_일번다시 뽑기

냄비에 찬물 1/2컵과 위생행주로
닦은 건 다시마를 넣고 끓이다가
다시가 끓기 직전에 다시마는 건
져 낸 후 물이 끓을 때 가다랑어
포를 넣고 불을 끈 다음 약 3~5
분 후에 면포를 받힌 체에 걸러
일번다시(一番出汁)를 뽑는다.

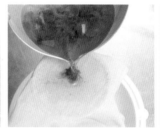

3_해삼 손질하기

해삼은 배 쪽에 칼집을 넣고 내장
을 빼낸 후 양쪽 끝을 자르고, 소
금으로 씻은 다음 뜨거운 물에
살짝 데친다.

> **유용한 TIP**
> ● 해삼은 내장과 모래가 없도록 손
>   질하고 힘줄(스지)을 제거한다.

> **유용한 TIP**
> ● 해삼은 손질 후 끓는 물에 데쳐서 찬물에 식힌 다음 사용한다.
> ● Key Point는 해삼 손질방법과 오이와 미역 손질방법이다.

4_미역 손질하기

불린 미역은 소금을 약간 넣은 끓
는 물에 미역을 데친 후 헹군 다음
김발에 감아서 모양을 잡는다.

5_초간장과 양념 만들기

초간장을 만들고, 실파는 푸른 부분을 송송 채 썰어 체에 밭쳐 씻은 다음 물기를 제거한다. 무는 강판에 갈아서 체에 밭쳐 씻은 후 살짝 물기를 뺀 다음 고운 고춧가루를 섞어 빨간 무즙(아카오로시)을 만든다.

6_재료 세팅 및 완성하기

❶ 완성그릇에 오이는 펼쳐서 길이 4~5㎝로 2~3ps를 놓는다.
❷ 미역도 길이 4~5㎝ 정도로 잘라 오이 옆에 놓는다.
❸ 해삼은 1~2㎝ 크기로 잘라서 맨 앞쪽에 놓는다.
❹ 해삼 앞에 레몬과 야쿠미를 놓고 초간장을 옆으로 끼얹는다.

①	②	③	④	⑤	⑥
준비작업	일번다시 뽑기	해삼 손질하기	미역 손질하기	초간장과 양념 만들기	재료 세팅 및 완성하기

덮밥조리

소고기덮밥

조리시간
30분

규니쿠노돈부리
ぎゅうにくのどんぶり
牛肉の丼
Beef and Eggs on Rice

08

요 / 구 / 사 / 항

※ 주어진 재료를 사용하여 다음과 같이 소고기덮밥을 만드시오.

가. 덮밥용 양념간장(돈부리 다시)을 만들어 사용하시오.

나. 고기, 채소, 달걀은 재료 특성에 맞게 조리하여 준비한 밥 위에 올려놓으시오.

다. 김을 구워 칼로 잘게 썰어(하리노리) 사용하시오.

지 / 급 / 재 / 료 / 목 / 록

소고기(등심)	60g	**진간장**	15㎖
양파(중, 150g 정도 또는 대파)		**건다시마**(5×10㎝)	1장
실파(1뿌리)	20g	**맛술**(미림)	15㎖
팽이버섯	10g	**소금**(정제염)	2g
달걀	1개	**밥**(뜨거운 밥)	120g
김	1/4장	**가다랑어포**(카츠오부시)	10g
흰설탕	10g		

중요레시피

● 덮밥 양념간장
  다시물 90㎖, 진간장 15㎖, 맛술 15㎖,
  흰설탕 10g

용어해설

● 테리야키[てりやき : 照焼] 테리를 발라
  가면서 구운 것
● 메시[めし : 飯] = 고항(ごはん). 백반. 식
  사. 밥
● 돈부리[どんぶり : 丼] ① 덮밥 ② 덮밥용
  그릇은 돈부리바치(どんぶりばち)
● 하리노리[はりのリ : 針海苔] 김을 바늘
  굵기로 가늘게 채썰기 한 김

1_준비작업

재료세척과 재료분리를 한다.

2_일번다시 뽑기

냄비에 찬물 3컵과 위생행주로 닦은 건다시마를 넣고 끓이다가 다시가 끓기 직전에 다시마는 건져 낸 후 물이 끓을 때 가다랑어포를 넣고 불을 끈 다음 약 3~5분 후에 면포를 받힌 체에 걸러 일번다시(一番出汁)를 뽑는다.

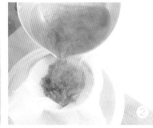

3_소고기 손질하기

소고기는 결 반대 방향으로 0.2㎝ 두께로 자른 후 채로 자른다.

4_채소 손질하기

양파는 길이 3~4㎝로 채 썬다. 팽이버섯은 밑동을 제거한 후 반 자른 후 파란 부분의 실파도 길이 3~4㎝로 잘라서 준비한다.

5_김/달걀 손질하기

김은 살짝 구워 가늘게 채 썰고
(하리노리), 달걀은 알끈을 제거
하고 부드럽게 풀어 놓는다.

6_덮밥용 양념간장 만들기

냄비에 다시물 4큰술에 맛술 1큰
술, 설탕 10g, 간장 1큰술을 넣고
설탕이 녹을 때까지 살짝 끓인다.

7_덮밥 조리하기

냄비에 덮밥 다시가 끓으면 양파
→ 쇠고기 → 팽이버섯, 실파 →
푼 달걀 넣고 냄비 뚜껑을 덮어
달걀이 반숙 정도 될 때 불을 끄
고 거품을 걷는다.

8_완성하기

완성그릇에 밥을 담고 7을 부서지
지 않도록 담고 위에 준비된 재료
와 김 채를 올린다.

┌─ 유용한 TIP ─┐

● 소고기덮밥의 완성작품을 했을 때 밥이 보이지 않게
한다.

1	2	3	4	5	6	7	8
준비작업	일번다시 뽑기	소고기 손질하기	채소 손질하기	김/달걀 손질하기	덮밥용 양념 간장 만들기	덮밥 조리하기	완성하기

우동볶음(야키우동)

야키우동
やきうどん
焼き饂飩
Stir-Fry Udon

09

요 / 구 / 사 / 항

※ 주어진 재료를 사용하여 다음과 같이 우동볶음(야키우동)을 만드시오.

가. 새우는 껍질과 내장을 제거하고 사용하시오.

나. 오징어는 솔방울 무늬로 칼집을 넣어 1cm x 4cm 정도 크기로 썰어서 데쳐 사용하시오.

다. 우동은 데쳐서 사용하시오.

라. 가다랑어포(하나카츠오)를 고명으로 얹으시오.

지 / 급 / 재 / 료 / 목 / 록

우동	150g
작은 새우(껍질 있는 것)	3마리
갑오징어 몸살(물오징어 대체가능)	
	50g
양파(중, 150g 정도)	1/8개
숙주	80g
생표고버섯	1개
당근	50g
청피망(중, 75 정도)	1/2개

가다랑어포(하나카츠오-고명용)	
	10g
청주	30㎖
진간장	15㎖
맛술(미림)	15㎖
식용유	15㎖
참기름	5㎖
소금	5g

1_준비작업

재료세척과 재료분리를 한다.

2_어패류 손질하기

❶ 새우는 꼬리 쪽 마디만 남기고 껍질과 내장을 제거한 후 소금으로 살짝 씻어서 물기를 빼둔다.

❷ 갑오징어는 속, 겉껍질을 제거한 후 칼집을 가로, 세로 솔방울 무늬로 칼집을 넣어 1×4㎝ 정도 크기로 썰어서 끓는 물에 데쳐 찬물에 헹군다.

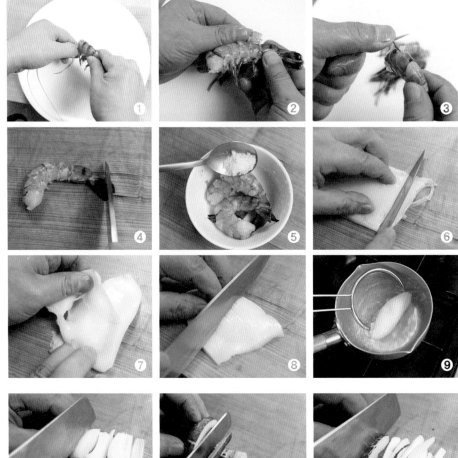

3_채소 손질하기

껍질 벗긴 당근과 양파는 껍질을 벗긴 후 1×4㎝로 자른다. 표고버섯은 기둥을 제거한 후 1×4㎝로 자른다. 청 피망도 속을 정리한 후 1×4㎝로 자른다. 숙주도 머리와 꼬리를 거두절미 손질한다.

4_우동 삶기

우동은 끓는 물에 데친 후 찬물에 여러 번 헹궈 준비한다.

유용한 TIP ● 냉 우동은 끓는 물에 살짝 익혀서 찬물에 여러 번 헹궈서 사용하고, 생 우동은 물이 끓을 때 우동을 넣고 나무젓가락으로 저으면서 찬물을 3~4회 부어주면서 15~20분 삶아서 찬물에 여러 번 헹궈서 사용한다.

5_우동 볶음소스 만들기

간장, 맛술, 청주, 소금으로 볶음 우동 소스를 만든다.

6_우동 볶기

프라이팬에 식용유를 넣고 새우, 갑오징어를 넣고 볶다가 당근, 양파, 표고버섯, 청 피망을 넣고 볶다가 우동을 넣고 같이 볶다가 볶음소스를 넣고 볶아서 마지막에 참기름을 넣고 볶는다.

유용한 TIP ▷ ● 채소는 아삭하게 살아있을 정도까지 볶는다.

7_완성하기

완성그릇에 볶음 우동을 수북히 담고 위에 가다랑어포(하나카츠오)를 올려 제출한다.

유용한 TIP

● 가다랑어포가 바람에 날리지 않도록 주의한다.

---

 1 준비작업　　2 어패류 손질하기　　3 채소 손질하기　　4 우동 삶기　　5 우동 볶음소스 만들기　　6 우동 볶기　　7 완성하기

메밀국수(자루소바)

자루소바
ざるそば
ざる蕎麦
Buckwheat Noodles

10

요 / 구 / 사 / 항

※ 주어진 재료를 사용하여 다음과 같이 메밀국수(자루소바)를 만드시오.

가. 소바 다시를 만들어 얼음으로 차게 식히시오.

나. 메밀국수는 삶아 얼음으로 차게 식혀서 사용하시오.

다. 메밀국수는 접시에 김발을 펴서 그 위에 올려내시오.

라. 김은 가늘게 채 썰어(하리노리) 메밀국수에 얹어 내시오.

마. 메밀국수, 양념(야쿠미), 소바다시를 각각 따로 담아내시오.

지 / 급 / 재 / 료 / 목 / 록

메밀국수(생면, 건면 100g 대체 가능)		**건다시마**(5×10㎝)	1장
무	60g	**진간장**	50㎖
실파(2뿌리)	40g	**흰설탕**	25g
김	1/2장	**청주**	15㎖
고추냉이	10g	**맛술**(미림)	10㎖
가다랑어포(카츠오부시)	10g	**각얼음**	200g

중요레시피

● 소바다시
가다랑어국물 300㎖. 간장 50㎖, 맛술 10㎖, 청주 15㎖, 흰설탕 25g

● 양념
무즙 1큰술, 실파 채 1작은술, 고추냉이 갠 것 1/2작은술, 김 채

용어해설

● 스[す : 酢] 식초

● 멘루이[めんるい : 麵類] 면, 면류

● 모리소바[もりそば : 盛蕎麦] 메밀국수

● 호시소바[ほしそば : 干蕎麦] 건 메밀국수

● 모리츠케[もりつけ : 盛付] ① 음식 담기
② 음식을 담는 업무를 담당하는 조리사

● 마키스[まきす : 券簾] 김발. 대나무 발로서 김밥을 마는 기구

● 하리노리[はりのリ : 針海苔] 바늘 굵기로 채 썬 김

만드는 방법

1_준비작업

재료세척과 재료분리를 한다.

2_일번다시 뽑기

냄비에 찬물 3컵과 위생행주로 닦은 건다시마를 넣고 끓이다가 다시가 끓기 직전에 다시마는 건져낸 후 물이 끓을 때 가다랑어 포를 넣고 불을 끈 다음 약 3~5분 후에 면포를 받힌 체에 걸러 일번다시(一番出汁)를 뽑는다.

3_소바 다시 뽑기

냄비에 가다랑어 국물, 간장, 맛술, 청주, 흰설탕을 넣고 끓인 후 절반의 얼음물 위에서 식힌다.

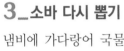

4_채소 손질하기

❶ 무는 껍질을 벗긴 후 강판에 갈아서 체에 밭쳐 씻은 다음 물기를 약간만 뺀다.

❷ 실파는 송송 채 썰어서 체에 밭친 후 씻어 물기를 제거한다.

❸ 김은 가늘게 채 썰어 물기가 없는 곳에 둔다.

❹ 고추냉이는 그릇에 고추냉이를 넣고 찬물을 조금씩 부어가면서 나무젓가락으로 저어서 갠다.

> **유용한 TIP**
> ● 김은 가늘게 채 썬(하리노리) 후 물기가 없는 곳에 둔다.

5_메밀국수 삶기

냄비에 물이 끓으면 메밀국수를 부채모양으로 펼쳐 넣고, 나무젓가락으로 저으면서 중간중간 끓을 때마다 찬물을 3~4회 넣어주면서 삶는다. 메밀국수가 익으면 찬물에 여러 번 헹군 후 얼음물에 차갑게 담가둔다.

> **유용한 TIP**
> ● 메밀국수는 나무젓가락으로 잘 저으면서 끓으면 중간중간 찬물을 부어가면서 삶아야 속까지 익는다.
> ● 삶아진 메밀국수를 잘 씻어 헹궈야 쫄깃하고 맛있는 국수를 즐길 수 있다.

6_완성하기

완성그릇에 메밀국수를 보기 좋게 담고 위에 김 채를 올리고 소바 다시와 양념을 곁들인다.

> **유용한 TIP**
> ● 가메밀국수, 양념(다루비), 소바라시를 각각 따로 담아낸다.

 준비작업   일번다시 뽑기   소바 다시 뽑기   채소 손질하기   메밀국수 삶기 완성하기

삼치 소금구이

조리시간
30분

사와라시오야키
さわらしおやき
鰆塩焼き
Broiled Mackerel with Salt

11

요 / 구 / 사 / 항

※ 주어진 재료를 사용하여 다음과 같이 삼치 소금구이를 만드시오.

가. 삼치는 세장뜨기한 후 소금을 뿌려 10~20분 후 씻고 쇠꼬챙이에 끼워 구워내시오. (단, 석쇠를 사용할 경우 감점 처리)

나. 채소는 각각 초담금 및 조림을 하시오.

다. 구이 그릇에 삼치 소금구이와 곁들임을 담아 완성하시오.

라. 길이 10㎝ 정도로 2조각을 제출하시오.

중요레시피

● 단초
  물 15㎖, 식초 15㎖, 설탕 7.5g, 소금 약간

● 우엉조림소스
  다시물 100㎖, 진간장 30㎖, 맛술 15㎖,
  청주 15㎖, 설탕 30g

용어해설

● 야키모노[やきもの : 焼物] 구이요리

● 야키자카나[やきざかな : 焼魚] 생선구이

● 아시라이[あしらい] 주재료에 곁들이는 곁들임 재료

● 키카다이콩[きかだいこん : 菊 大根] 국화 모양의 무

● 하나렝콩[はなれんこん : 花蓮根] 꽃 모양의 연근

● 아마즈[あまず : 甘酢] 단초

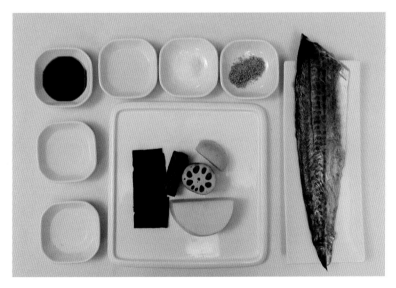

지 / 급 / 재 / 료 / 목 / 록

재료	수량	재료	수량
삼치(400~450g 정도)	1/2마리	**건다시마**(5×10cm)	1장
레몬	1/4개	**진간장**	30㎖
깻잎	1장	**흰설탕**	30g
소금(정제염)	30g	**청주**	15㎖
무(또는 연근)	50g	**맛술**	1큰술
우엉	60g	**흰참깨**(볶은 것)	2g
식용유	10㎖	**쇠꼬챙이**(30cm 정도)	3개
식초	30㎖	**맛술**(미림)	10㎖

1_준비, 및 다시마 국물 만들기

재료세척과 재료분리를 하고, 깻잎은 찬물에 담가둔다. 냄비에 찬물과 위생행주로 먼지를 제거한 건다시마를 넣고 은근히 끓이다가 다시 물이 끓기 직전(95℃)에 다시마를 건진다.

2_삼치 손질하기

삼치는 머리와 내장을 제거한 다음 갈비뼈와 가운뼈를 제거하고 2등분해서 껍질 쪽에 칼집을 넣은 후 소금에 절인다.

 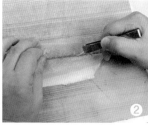 

> 유용한 TIP
>
> ● 삼치가 작은 것이 한 마리 제출되면 손질 후 길이 10㎝로 잘라서 두 쪽 준비한다.

3_단초 만들기

냄비에 물, 식초, 설탕, 소금을 살짝 끓인 후 식힌다.

4_채소 손질하기

❶ 무는 두께 2㎝. 깊이 2/3로 가로, 세로 칼집을 넣은 후 사방 2㎝ 주사위 모양으로 잘라서 소금 절임 후 씻어 물기를 제거해서 단초에 담가둔다.

❷ 연근은 식초 물에 삶아서 꽃 모양을 만들어 두께 0.5㎝로 자른 다음 단초에 담가둔다.

❸ 껍질 벗긴 우엉은 길이 5㎝로 자른 후 4등분해서 '멘토리'해서 팬에 식용유를 넣고 볶다가 청주, 간장, 설탕, 다시 물을 넣고 윤기 나게 조려낸 후 흰깨를 뿌린다.

유용한 TIP ● 곁들임 재료는 무나 연근 둘 중 하나만 나온다.

● 우엉은 간이 잘 들기 하기 위해서 한번 삶아서 사용하거나 볶아서 양념소스를 부어 조린다.

● 무는 소금물에 절인 후 씻어서 물기를 제거한 다음 단초에 간이 들게 담가둔다.

5_삼치 구이하기

절인 삼치를 물로 씻어 쇠꼬챙이에 끼운 후 소금을 살짝 뿌려서 직화로 굽는다.

유용한 TIP

● 쇠꼬챙이를 중간중간 올려줘야 완전 구워졌을 때 깔끔하게 잘 빠진다.

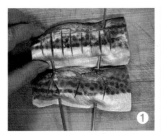

6_완성하기

완성 그릇에 깻잎을 깔고 삼치의 배 쪽이 자기 앞쪽, 껍질 쪽이 위로 보이게 담고, 무, 우엉, 레몬을 곁들여 완성한다.

①	②	③	④	⑤	⑥
준비작업	삼치 손질하기	단초 만들기	채소 손질하기	삼치 구이하기	완성하기

소고기 간장구이

조리시간 20분

큐니쿠노데리야키
ぎゅうにくのでりやき
牛肉の照り焼き
Broiled Beef with Soy Sauce

12

요 / 구 / 사 / 항

※ 주어진 재료를 사용하여 다음과 같이 소고기 간장구이를 만드시오.

가. 양념간장(타레)과 생강채(하리쇼가)를 준비하시오.

나. 소고기를 두께 1.5㎝, 길이 3㎝로 자르시오.

다. 프라이팬에 구이를 한 다음 양념간장(타레)을 발라 완성하시오.

지 / 급 / 재 / 료 / 목 / 록

소고기(등심-덩어리)	160g	청주	50㎖
건다시마(5×10㎝)	1장	소금(정제염)	20g
통 생강	30g	식용유	100㎖
검은후춧가루	5g	흰설탕	30g
진간장	50㎖	맛술(미림)	50㎖
산초가루	3g	깻잎	1장

중요레시피

- 양념간장(테리야키소스)
  다시물 50㎖, 진간장 50㎖, 맛술 50㎖,
  청주 50㎖, 흰설탕 30g

용어해설

- 테리야키[てりやき : 照燒] 테리를 발라
  가면서 구운 것
- 쇼가[しょうが : 生姜] 생강
- 하리쇼가[はりしょうが : 針生姜] 생강을
  바늘 굵기로 가늘게 채썰기 한 생강
- 코나산쇼[こなさんしょう : 粉山椒] 산초
  가루
- 알코올누키[アルコールヌキ] 맛술이나 청
  주 등의 알코올을 날려 보내는 것을 말
  한다.

1_준비작업

재료세척과 재료분리를 한 후 깻잎은 찬물에 담가둔다.

2_다시마 국물 만들기

냄비에 찬물과 위생행주로 먼지를 제거한 건 다시마를 넣고 은근히 끓이다가 다시 물이 끓기 직전(95℃)에 다시마를 건진다.

3_소고기 손질

소고기는 두께 1.5㎝, 길이 3㎝로 잘라 두드린 후 오그라들지 않도록 칼집을 넣은 후 소금, 후추로 밑간해둔다.

4_테리야키 소스 만들기

냄비에 맛술과 청주를 넣고 알코올 누키한 후 흰설탕, 진간장과 다시를 넣고 1/2 양이 되도록 은근히 졸인다.

5_생강채 만들기

생강채(하리쇼가)를 만드는데 생강을 돌려 깎기 하거나 얇게 편으로 잘라서 가늘게 채 썬 후 찬물에 '사라시'한다.

┤ 유용한 TIP ├
● 생강은 아주 가늘게 채로 잘라서 흐르는 물에서 전분을 빼야 색깔을 유지한다.

6_소고기 굽기

프라이팬을 달궈 식용유를 두른 후 쇠고기를 앞뒤로 미디움레어 정도로 구운 다음 양념간장(테리야키소스)을 넣어 윤기나게 미디움이 될 정도로 조린다.

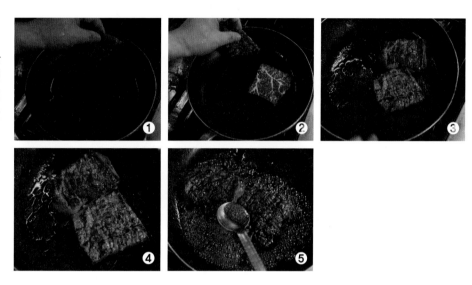

7_완성하기

완성 그릇에 좌측 위에 깻잎 깔고 소고기를 두께 1.5㎝, 길이 3㎝로 비스듬히 잘라 놓고 테리야키소스를 그 위에 끼얹은 후 산초가루를 뿌리고, 앞쪽에 생강채를 곁들여 완성한다.

┤ 유용한 TIP ├
● 시험장에서 소고기 손질 방법, 구운 상태, 테리야키소스의 농도, 하리쇼가 하는 것이 중요하다.

1	2	3	4	5	6	7
준비작업	다시마 국물 만들기	소고기 손질	테리야키 소스 만들기	생강채 만들기	소고기 굽기	완성하기

구이조리

전복버터구이

조리시간
25분

아와비노바다야키
あわびのバターやき
鮑のバタ焼き
Broiled Abalone with Butter

13

요 / 구 / 사 / 항

※ 주어진 재료를 사용하여 다음과 같이 전복버터구이를 만드시오.

가. 전복은 껍질과 내장을 분리하고 칼집을 넣어 한입 크기로 어슷하게 써시오.

나. 내장은 모래주머니를 제거하고 데쳐 사용하시오.

다. 채소는 전복의 크기로 써시오.

라. 은행은 속껍질을 벗겨 사용하시오.

지 / 급 / 재 / 료 / 목 / 록

전복(2마리, 껍질 포함)	150g	**은행**(중간 크기)	5개
청차조기잎(시소, 깻잎으로 대체		**버터**	20g
가능)	1장	**검은후춧가루**	2g
양파(중, 150g 정도)	1/2개	**소금**(정제염)	15g
청피망(중, 75g 정도)	1/2개	**식용유**	30㎖
청주	20㎖	(레몬)	

중요레시피

● 전복 양념
  청주 20㎖, 소금 3g, 검은후춧가루 약간,
  식용유 15㎖

용어해설

● 야키[(やき : 燒] 구이
● 아와비[あわび : 鮑] 전복
● 타마네기[たまねぎ : 玉葱] 양파
● 피망[ピーマン] 피망
● 시소[しそ : 紫蘇] 청차조기잎

1_준비작업

재료세척과 재료분리를 한다.

2_전복 손질하기

❶ 전복은 윗면에 소금을 뿌려 솔로 씻은 후 양식 나이프 등을 이용하여 살과 껍질, 내장을 분리한다.

❷ 내장은 모래집을 제거한 후 끓는 물에 데친다.

❸ 살은 칼집을 넣고 파도 썰기로 어슷하게 잘라둔다.(한입 크기)

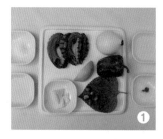

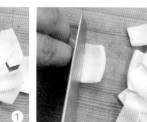

3_채소 손질하기

양파는 한입 크기(길이 3㎝, 폭 2.5㎝) 정도로 어슷하게 자른다. 피망은 속을 정리한 후 양파 크기로 자른다.

4_은행 볶기

프라이팬에 식용유를 둘러서 은행을 먼저 볶아낸 후 껍질을 벗긴다.

> **유용한 TIP**
> ● 은행은 프라이팬에 식용유를 두른 후 볶아서 깐다.
> ● 은행은 속껍질을 벗겨 사용한다.

5_전복 볶기

키친타월로 닦은 프라이팬이 달아오르면 식용유를 들러 전복 → 내장, 양파, 피망. 은행 → 버터 → 소금, 후춧가루, 청주로 간을 한다.

> **유용한 TIP**
> ● 양파와 피망은 맛과 색깔을 유지하기 위해서 센 불에서 재빨리 볶는다.

6_완성하기

완성 그릇에 시소를 깔고 전복버터구이를 보기 좋게 담아 레몬을 곁들인다.

> **유용한 TIP**
> ● 레몬이 제출되면 잘라서 곁들인다.

> **유용한 TIP**
> ● 완성 그릇에 양파와 피망은 껍질 죽이 위로 오게 담는다.

①	②	③	④	⑤	⑥
준비작업	전복 손질하기	채소 손질하기	은행 볶기	전복 볶기	완성하기

구이조리

달걀말이

조리시간
25分

다시마키다마고
だしまきだまご
出汁巻き卵
Pan-Fried Egg Roll

14

요 / 구 / 사 / 항

※ 주어진 재료를 사용하여 다음과 같이 달걀말이를 만드시오.

가. 달걀과 가다랑어국물(카츠오다시), 소금, 설탕, 맛술(미림)을 섞은 후 체에 걸러 사용하시오.

나. 젓가락을 사용하여 달걀말이를 한 후 김발을 이용하여 사각 모양을 만드시오.(단, 달걀을 말 때 주걱이나 손을 사용할 경우 감점 처리)

다. 길이 8cm, 높이 2.5cm, 두께 1cm 정도로 썰어 8개를 만들고, 완성되었을 때 틈새가 없도록 하시오.

라. 달걀말이(다시마키)와 간장무즙을 접시에 보기 좋게 담아내시오.

지 / 급 / 재 / 료 / 목 / 록

재료	수량	재료	수량
달걀	6개	맛술(미림)	20㎖
흰설탕	20g	무	100g
건다시마(5x10cm)	1장	진간장	30㎖
소금(정제염)	10g	청차조기잎(시소, 깻잎으로 대체	
식용유	50㎖	가능)	2장
가다랑어포(카츠오부시)	10g		

중요레시피

● 달걀말이
가다랑어국물 3큰술, 간장 2㎖, 맛술 20㎖, 설탕 20g, 소금 2g

용어해설

● 오로시가네[おろしがね : 下ろし金] 강판
● 소메오로시[そむおろし : 染め卸し] 무즙에 간장을 친 것

만드는 방법

1_준비작업

재료세척과 재료분리를 하고 청
차조기잎은 찬물에 담가둔다.

2_일번다시 뽑기

냄비에 찬물 1컵과 위생행주로 닦
은 건다시마를 넣고 끓이다가 다
시가 끓기 직전에 다시마는 건져
낸 후 물이 끓을 때 가다랑어포
를 넣고 불을 끈 다음 약 3~5분
후에 면포를 받힌 체에 걸러 일번
다시(一番出汁)를 뽑는다.

3_채소 손질하기

무는 껍질 벗겨 강판에 갈은 후
찬물에 헹궈 뒀다가 완성 시에 무
의 모양을 잡은 후 위에 간장을
뿌려낸다.

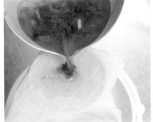 

4_재료 섞기

볼에 달걀을 깨서 넣고 가다랑어
국물, 간장, 맛술, 설탕, 소금을
넣은 후 잘 섞어서 체에 거른다.

  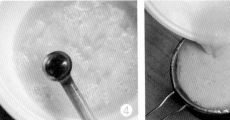

5_달걀 말기

달걀말이 팬을 예열 후 식용유를 둘러 달걀 물을 1국자(약 60cc) 정도 넣고 말이를 하여 반복해서 말아서 대발에 모양을 잡아둔다.

 유용한 TIP

● 식용유를 종이 키친타월을 이용해서 많이 넣지 않도록 한다.
● 달걀말이를 할 때는 나무젓가락을 사용해서 만다.
● 달걀말이가 타지 않도록 불 조절에 유의한다.
※ 달걀을 말 때 주걱이나 손을 사용하면 감점처리된다.

6_달걀말이 자르기

말아둔 달걀말이를 길이 8㎝, 높이 2.5㎝, 두께 1㎝ 정도로 썰어 8개로 만든다.

 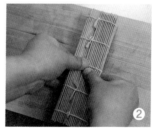

유용한 TIP

● 달걀말이를 하고 김발에 사각 모양으로 만든다.
● 달걀말이를 할 때는 나무 젓가락을 사용해서 만다.
● 달걀말이가 타지 않도록 불 조절에 유의한다.

7_완성하기

완성 그릇에 차조기를 놓고 달걀말이를 놓고 오른쪽 앞쪽에 간장 무즙(소메오로시)을 곁들인다.

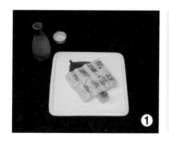

유용한 TIP

● 달걀말이가 완성되었을 때 틈새가 없도록 한다.

준비작업 일번다시 뽑기 채소 손질하기 재료 섞기 달걀 말기 달걀말이 자르기 완성하기

도미술찜

조리시간
—
30분

타이노사카무시
たいのさかむし
鯛の酒蒸し
Steamed
Sea Bream with Sake

15

요 / 구 / 사 / 항

※ 주어진 재료를 사용하여 다음과 같이 도미술찜을 만드시오.

가. 머리는 반으로 자르고, 몸통은 세장뜨기 하시오.

나. 손질한 도미살을 5~6㎝ 정도 자르고 소금을 뿌려, 머리와 꼬리는 데친 후 불순물을 제거하시오.

다. 청주를 섞은 다시(국물)에 쪄내시오.

라. 당근은 매화꽃, 무는 은행잎 모양으로 만들어 익혀내시오.

마. 초간장(폰즈)과 양념(야쿠미)을 만들어 내시오.

지 / 급 / 재 / 료 / 목 / 록

도미(200~250g)	1마리	레몬	1/4개
배추	50g	청주	30㎖
당근(둥근 모양으로 잘라서 지급)		건다시마(5×10cm)	1장
	60g	진간장	30㎖
무	50g	식초	30㎖
판두부	50g	고춧가루(고운 것)	2g
생표고버섯(20g)	1개	실파(1뿌리)	20g
죽순	20g	소금(정제염)	5g
쑥갓	20g		

중요레시피

- 도미술찜 양념
  다시마국물 15㎖, 청주 15㎖, 소금 약간

- 초간장
  다시마국물 1큰술, 간장 1큰술, 식초 1큰술

- 양념
  무즙 1큰술, 고운 고춧가루 1작은술, 실파 1줄기, 레몬 반달모양 1조각

용어해설

- 시라가네기[しらがねぎ : 白髮葱] 백발 대파, 파를 가늘게 채 썬 후 흐르는 물에 진액을 빼는 것

- 모미지오로시[もみじおろし : 紅葉卸] = 아카오로시[あかおろし] 무즙과 고운 고춧가루를 섞은 빨간 무즙

만드는 방법

1_준비작업 및 다시마 국물 만들기

재료 세척하고 재료 분리를 하고
쑥갓 찬물은 담가둔다.

냄비에 찬물과 위생행주로 먼지
를 제거한 건다시마를 넣고 은근
히 끓이다가 다시 물이 끓기 직전
(95℃)에 다시마를 건진다.

2_도미 손질하기

도미는 머리는 반으로 자르고, 몸
통은 세장뜨기를 한 후 살만 두
쪽 준비해서 칼집을 준 다음 소금
에 절인다.

유용한 TIP
- 참돔을 손질한 후 소금에 10분
  이상 절여야 살이 단단하고 비
  린내를 제거한다.

3_채소 손질하기

❶ 배추와 절반의 쑥갓을 끓는 물에 데친 후 김발로 속에 쑥갓을 넣고 둥글게 말아서 자른다.

❷ 당근은 매화꽃, 무는 은행잎 모양, 죽순은 빗살 모양으로 잘라서 절반 익혀 식힌다.

❸ 표고버섯은 별모양, 팽이버섯은 밑동을 자르고, 두부는 길이 5㎝, 높이 4㎝, 폭 1㎝로 직사각형으로 도톰하게 썬 다음 쑥갓을 다듬어 찬물에 담가둔다.

┌─ 유용한 TIP ─┐

● 대파가 나오는 경우 길이 5㎝, 폭 0.5㎝로 어슷하게 썰어 사용한다.
● 무와 당근은 미리 삶아서 모양을 내거나 모양을 낸 후 절반 정도 삶아도 된다.

4_채소/도미머리 데치기

채소를 데친 끓는 물에 마지막으로 참돔 살을 데친 후 찬물에서 비늘을 완전히 제거한다.

유용한 TIP

- 참도미를 데칠 때는 체에 껍질을 위쪽으로 한 도미를 올리고 뜨거운 물을 붓자마자 찬물에 담근다.
- 데친 후 비늘과 이물질을 완전히 제거해야 도미 지리가 맑아진다.

5_도미머리 술찜하기

찜 그릇에 팽이버섯과 쑥갓을 제외한 모든 재료를 보기 좋게 돌려 담아 앞쪽에 다시마를 깐 후 도미 살을 올려 찜 양념장을 붓고 찜 그릇 뚜껑을 닫은 다음 15~20분 찐 후 팽이버섯과 쑥갓을 올려 1분 더 찐다.

유용한 TIP

- 중탕으로 찜을 할 때는 냄비 뚜껑의 모인 수증기가 물방울이 되어 요리에 떨어지는 것을 방지하기 위해서 내용물을 뚜껑이나 호일이나 랩 등을 씌워서 찜한다.
- 찜을 할 때는 찜통의 물이 끓을 때 찜을 시작하고 물을 보충할 때는 뜨거운 물을 붓는다.

6_폰즈와 야쿠미 만들기

❶ 도미찜을 하는 동안 초간장(폰즈)을 만들고,

❷ 실파는 송송 썰어 물에 헹궈 놓고,

❸ 무는 즙을 내어 고운고춧가루를 섞어 빨간 무즙을 만들고,

❹ 레몬은 반달모양 잘라서 작은 그릇에 양념을 준비한다.

7_완성하기

완성 그릇에 재료를 담아 완성한다.

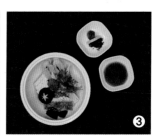

①	②	③	④	⑤	⑥	⑦
준비작업 및 다시마 국물 만들기	도미 손질하기	채소 손질하기	채소/도미머리 데치기	도미머리 술찜하기	폰즈와 야쿠미 만들기	완성하기

찜조리

달걀찜

조리시간 30분

자완무시
ちゃわんむし
茶碗蒸し
Cup Cooked Ggg
Custard]

16

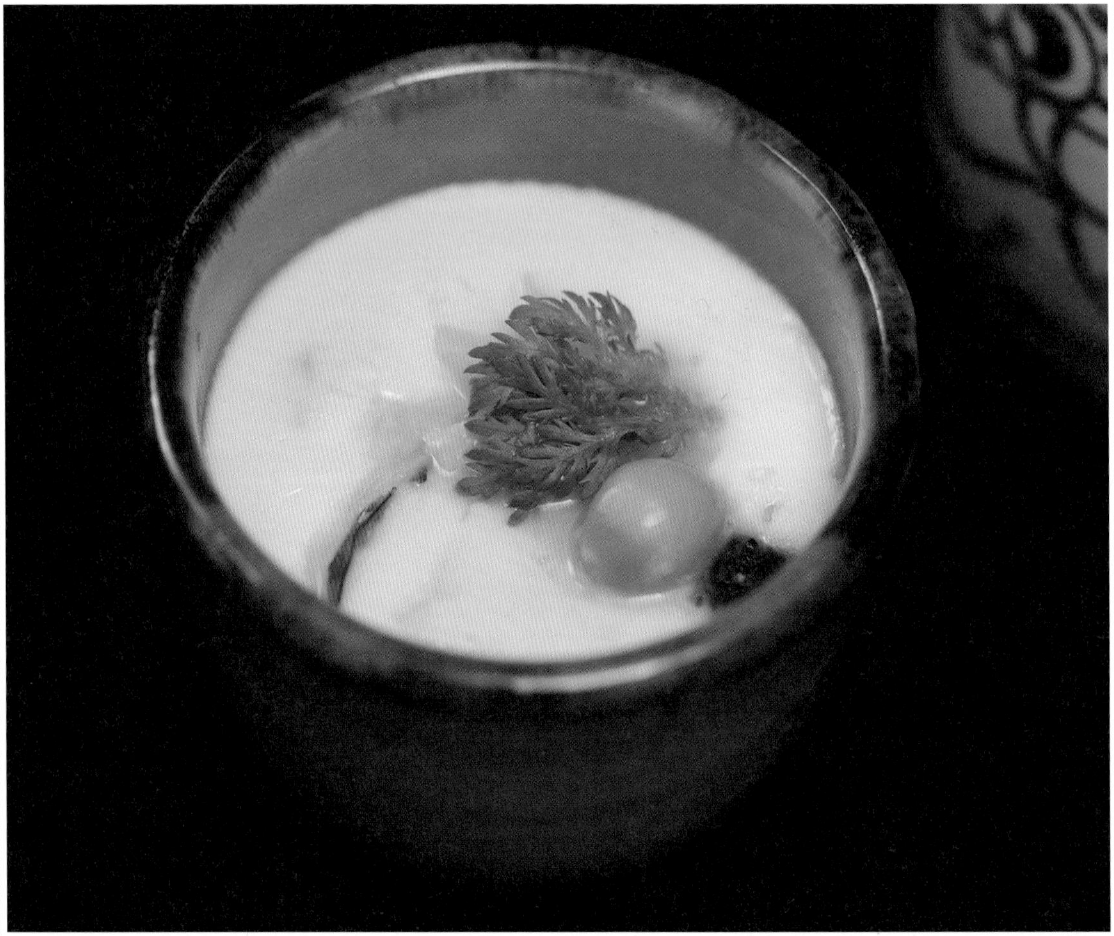

요 / 구 / 사 / 항

※ 주어진 재료를 사용하여 다음과 같이 달걀찜을 만드시오.

가. 찜 속재료는 각각 썰어 간하시오.

나. 나중에 넣을 것과 처음에 넣을 것을 구분하시오.

다. 가다랑어포로 다시(국물)를 만들어 식혀서 달걀과 섞으시오.

지 / 급 / 재 / 료 / 목 / 록

달걀	1개	쑥갓	10g
잔새우(약 6~7㎝ 정도)	1마리	진간장	10㎖
어묵(판어묵)	15g	소금(정제염)	5g
생표고버섯(10g)	1/2개	청주	10㎖
밤	1/2개	레몬	1/4개
가다랑어포(가쓰오부시)	10g	죽순	10g
닭고기살	20g	건다시마(5×10㎝)	1장
은행(겉껍질 깐 것)	2개	이쑤시개	1개
흰살생선	20g	맛술(미림)	10㎖

중요레시피

● 달걀찜
  달걀 1개, 다시 물 100㎖, 간장 1㎖, 맛술 10㎖, 청주 10㎖, 소금 약간

용어해설

● 시모후리[しもふり : 霜降] 어류나 육류 등을 표면이 하얗게 될 정도로 재료에 끓는 물을 붓거나 재료를 끓는 물에 살짝 데치는 것
● 무시키[むしき : 蒸器] 찜통
● 무시모노[むしもの : 蒸物] 찜 요리

1_준비작업

재료세척과 재료분리를 하고, 쑥갓을 찬물에 담가둔다.

2_일번다시 뽑기

냄비에 찬물 1/2컵과 위생행주로 닦은 건다시마를 넣고 끓이다가 다시가 끓기 직전에 다시마는 건져 낸 후 물이 끓을 때 가다랑어포를 넣고 불을 끈 다음 약 3~5분 후에 면포를 받친 체에 걸러 일번다시(一番出汁)를 뽑는다.

  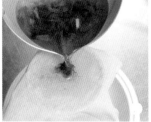

3_닭/흰살생선/새우 손질하기

닭고기 살과 흰살생선은 사방 1cm로 잘라서 닭고기는 간장, 흰살생선은 소금을 뿌려서 밑간한다. 새우는 머리와 껍질을 벗긴 후 내장을 빼내고 소금으로 씻어 사방 1cm로 자른다.

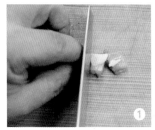  

4_채소 손질하기

표고버섯, 죽순, 어묵도 크기 사방 1cm로 자른다. 물이 끓으면 은행을 삶아 껍질을 벗기고, 위의 3을 깨끗한 것부터 '시모후리'한다. 깐 밤은 직화로 구워서 크기 사방 1cm로 자른다.

> **유용한 TIP**
> ● 죽순은 석회질(가공과정에서 죽순 속의 키틴질, 단백질, 아미노산 전분 등이 티록신과 결합해서 생긴 것)을 나무젓가락으로 흐르는 물에서 제거한 후 아린 맛 제거를 위해서 끓는 물에 데친다

5_달걀 간하기

볼에 달걀을 풀어서 다시 물, 간장, 청주, 맛술, 소금으로 간을 한 후 섞어서 체에 내린다.

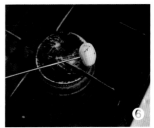

6_달걀 찜하기

자완무시 그릇에 쑥갓과 레몬을 제외한 모든 준비한 재료를 차곡차곡 놓고 6을 7 정도 붓는다.

찜통에 거품을 제거하고 뚜껑을 닫은 자완무시를 담고 약한 불로 8분 찐다(단, 찜통이 없을 경우 중탕으로 찔 경우는 12분 찐다.)

> **유용한 TIP** ● 가다랑어 국물과 달걀은 2:1의 비율로 한다.
> ● 매끄럽고 부드러운 달걀찜을 위해서는 거품을 반드시 제거하고 약한 불로 찐다.
> ● 중탕으로 찔 경우에는 속에 물이 들어가지 않도록 주의한다.
> ● 달걀말이를 할 때는 나무젓가락을 사용해서 만다.

7_완성하기

레몬으로 오리발을 만들고 달걀찜이 완료되면 레몬 오리발과 쑥갓을 올려 완성한다.

①	②	③	④	⑤	⑥	⑦
준비작업	일번다시 뽑기	닭/흰살생선/새우 손질하기	채소 손질하기	달걀 간하기	달걀 찜하기	완성하기

생선초밥

조리시간 40분

니기리즈시
にぎりずし
握り寿司
Assorted Sushi

17

요 / 구 / 사 / 항

※ 주어진 재료를 사용하여 다음과 같이 생선초밥을 만드시오.

가. 각 생선류와 채소를 초밥용으로 손질하시오.

나. 초밥초(스시즈)를 만들어 밥에 간하여 식히시오.

다. 곁들일 초생강을 만드시오.

라. 쥔초밥(니기리즈시)을 만드시오.

마. 생선초밥은 8개를 만들어 제출하시오.

바. 간장을 곁들여 내시오.

지 / 급 / 재 / 료 / 목 / 록

참치살(붉은색 참치살, 아카미) 30g	**청차조기잎**(시소, 깻잎으로 대체 가능) 1장
광어살(3×8㎝ 이상, 껍질이 있는 것) 50g	**통생강** 30g
	고추냉이(와사비분) 20g
새우(30~40g) 1마리	**식초** 70㎖
학꽁치(꽁치, 전어 대체 가능) 1/2 마리	**흰설탕** 50g
	소금(정제염) 20g
도미살 30g	**진간장** 20㎖
문어(삶은 것) 50g	**대꼬챙이**(10~15cm) 1개
밥(뜨거운 밥) 200g	

용어해설

● 스시[すし : 鮨、寿司、鮓] 초밥

● 스시즈[すしず : 鮨酢] 초밥초

● 스시다네[すしだね : 鮨種] = 타네[たね] = 네타[ねた] 초밥에 사용되는 생선이나 채소 등의 주재료

● 스시메시[すしめし : 鮨飯] = 샤리[しゃり] 초밥용의 밥

● 스시야[すしや : 鮨屋] 초밥집. 초밥 전문점

● 니기리즈시[にぎりずし : 握鮨] 생선초밥

● 니기리메시[にぎりめし : 握飯] = 오니기리[おにぎり] 주먹밥

만드는 방법

1_준비 작업

재료세척과 재료분리를 하고, 청차조기잎은 찬물에 담가둔다.

2_참치 해동하기

냉동 참치는 씻어 따뜻한(27℃) 소금물(4%)에 담갔다가 해동한 후 건져 키친타월 위에 둔다.

3_초밥 준비하기

초밥초(스시즈)를 만들어 절반은 식기 전에 밥에 버무려 3~4회 나무주걱으로 저어 초가 스며들면 젖은 면포로 덮어두고, 나머지 절반은 식혀서 초생강에 사용한다.

> **유용한 TIP**
>
> ● 초밥초(생강초) : 식초 70㎖, 설탕 45g, 소금 20g

4_초생강 준비하기

생강은 껍질 벗긴 후 얇게 편으로 잘라서 끓는 물에 데쳐 찬물에 씻어 초밥초에 담가 절인다.

5_생선 손질하기

❶ 전어가 나올 경우는 칼로 배 쪽의 잔뼈를 도려낸 후 소금에 절여 씻어서 식초물에 담가 절여지면 길이 7㎝, 폭 3㎝, 두께 2~3mm로 포뜨기한다.

❷ 새우는 내장을 제거하고 배 쪽에 대꼬치를 꼽아 소금물에 삶아 익으면 찬물에 넣어 식으면 대꼬치를 빼고 꼬리 쪽 한마디만 남기고 껍질을 벗긴 후 배 쪽에 칼집을 넣어 넓적하게 펼친다.

❸ 학꽁치는 칼로 배 쪽의 잔뼈를 도려내고 껍질을 벗겨 길이 7㎝, 폭 3㎝로 잘라서 등 쪽에 잔 칼집을 넣는다.

❹ 삶은 문어는 파도 썰기로 길이 7㎝, 폭 3㎝, 두께 2~3mm로 물결 모양으로 포뜨기 한다.

❺ 도미와 넙치는 손질 후 껍질을 벗겨 길이 7㎝, 폭 3㎝, 두께 2~3mm로 포뜨기한다.

만드는 방법

6_초밥 만들기

고추냉이는 동량의 찬물로 갠 후 손식초(물 7 : 식초 3)를 만든다.

초밥을 쥐는 데 손에 손 식초를 바르고 → 오른손으로 밥을 쥔 다음 → 왼손에 '타네'를 잡고 → 오른손 검지 손가락으로 고추냉이를 묻혀 다네의 중앙에 발라 → 그 위에 밥을 놓아 → 초밥을 쥔다.

┌─ 유용한 TIP ─┐

● 초생강은 생선의 비린 맛을 제거하고 해독하는 기능이 있는 동시에 입안을 개운하게 하여 다음에 먹을 생선초밥의 맛을 증진시키는 역할을 한다.

● 손식초(데스는 물 7 : 식초 3)를 만들어서 밥알이 손에 달라붙지 않게 한다.

7_완성하기

완성 그릇에 쥔 초밥 8개를 비스 듬히 45℃로 두 줄로 담은 후 오른쪽 앞에 청차조기잎을 깔고 초생강으로 장식하고, 간장은 따로 곁들인다.

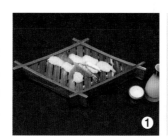

유용한 TIP

● 단무지가 나올 경우에는 먹기 좋게 잘라서 초생강과 같이 곁들인다.

참치 김초밥

텟카마키
てっかまき
鉄火巻き
Tuna Roll Sushi

18

요 / 구 / 사 / 항

※ 주어진 재료를 사용하여 참치 김초밥을 만드시오.

가. 김을 반장으로 자르고, 눅눅하거나 구워지지 않은 김은 구워 사용하시오.

나. 고추냉이와 초생강을 만드시오.

다. 초밥 2줄은 일정한 크기 12개로 잘라 내시오.

라. 간장을 곁들여 내시오.

지 / 급 / 재 / 료 / 목 / 록

참치살(붉은색 참치살, 아카미)		**밥**(뜨거운 밥)	120g
	100g	**통 생강**	20g
고추냉이(와사비)	15g	**식초**	70㎖
청차조기잎(시소, 깻잎으로 대체		**흰설탕**	50g
가능)	1장	**소금**(정제염)	20g
김(초밥김)	1장	**진간장**	10㎖

중요레시피

● 초밥초(생강초)
  식초 70㎖, 설탕 45g, 소금 20g

용어해설

● 텟카마키[てっかまき : 鉄火巻] 참치 김초밥

● 마구로[まぐろ : 鮪] 참치

● 아카미[赤身 : あかみ] 참치 등살

● 모미지쇼가[もみじしょうが : 紅生姜] = 가리 초생강

● 마키스[まきす : 券簾] 김발. 대나무 발로서 김밥을 마는 기구

 **만드는 방법**

1_준비 작업

재료세척과 재료분리를 하고, 청
차조기잎은 찬물에 담가둔다.

①

2_참치 해동하기

냉동 참치는 씻어 따뜻한(27℃)
소금물(4%)에 담갔다가 해동한
후 건져 키친타월에 싸 둔다.

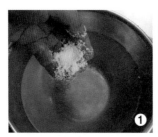
①

②

③

3_초밥 준비하기

초밥초(스시즈)를 만들어 절반은
식기 전에 밥에 버무려 3~4회 나
무주걱으로 저어 초가 스며들면
젖은 면포로 덮어두고, 나머지 절
반은 식혀서 초생강에 사용한다.

①

②

③

⑤

4_초생강 준비하기

생강은 껍질 벗긴 후 얇게 편으로
잘라서 끓는 물에 데쳐 찬물에
씻어 초밥초에 담가 절인다.

①

②

③

5_초밥 짓기

고추냉이는 동량의 물로 개어놓고, 손식초를 만든다.

참치는 김 길이로 맞추고, 폭은 사방 1㎝로 자르고 김은 살짝 구워서 1/2장으로 자른다.

김발 위에 → 김 반장 위에 → 초밥을 4/5 정도 깔고 → 초밥 중앙에 길게 와사비를 바르고 그 위에 참치를 놓고 단번에 말아서 사각 기둥 모양을 잡은 후 6등분으로 자른다.

> **유용한 TIP**
>
> - 김에 물이 묻어 눅눅해지지 않도록 주의한다.
> - 참치보다 밥의 양이 너무 많아 참치 김초밥의 속이 터지지 않도록 주의한다.
> - 참치가 김의 정 중앙에 오면서 정사각형 모양으로 말고, 자를 때는 일정한 크기로 자른다.

6_완성하기

완성 그릇에 말은 참치 김초밥 12ps를 보기 좋게 담고 오른쪽 차조기를 깔고 초생강을 곁들인다.

 준비작업　　 참치 해동하기　　3 초밥 준비하기　　4 초생강 준비하기　　5 초밥 짓기　　6 완성하기

김초밥

조리시간
—
25분

노리마키즈시
にぎりずし
握り寿司
Rice Roll in Laver

19

요 / 구 / 사 / 항

※ 주어진 재료를 사용하여 다음과 같이 김초밥을 만드시오.

가. 박고지, 달걀말이, 오이 등 김초밥 속재료를 만드시오.

나. 초밥초를 만들어 밥에 간하여 식히시오.

다. 김초밥은 일정한 두께와 크기로 8등분하여 담으시오.

라. 간장을 곁들여 제출하시오.

지 / 급 / 재 / 료 / 목 / 록

김(초밥김)	1장		1/4개
밥(뜨거운 밥)	200g	오보로	10g
달걀	2개	식초	70㎖
박고지	10g	흰설탕	50g
통생강	30g	소금(정제염)	20g
청차조기잎(시소, 깻잎으로 대체		식용유	10㎖
가능)	1장	진간장	20㎖
오이(가늘고 곧은 것, 20㎝ 정도)		맛술(미림)	10㎖

중요레시피

- 초밥초(생강초)
  식초 70㎖, 설탕 45g, 소금 20g
- 달걀말이
  달걀 2개, 물 5㎖, 설탕 5g, 소금 약간

용어해설

- 칸표[かんぴょう : 干瓢] 박고지
- 스시즈[すしず : 鮨酢] 초밥초
- 타마고마키[たまごやき : 卵焼き] 달걀말이
- 오보로(소보로)[おぼろ = そぼろ] 닭고기, 새우, 생선살 등을 곱게 한 후 이중 냄비에서 말리면서 청주, 맛술, 적색 식용색소 등으로 간을 하여 보푸라기처럼 만들어 놓은 것

만드는 방법

1_준비 작업

재료세척과 재료분리를 하고 청차조기잎은 찬물에 담근 후 박고지는 뜨거운 물에 불린다.

┤ 유용한 TIP ├

● 건다시마가 나올 경우 다시 물을 뽑아서 달걀말이를 할 때 사용한다.

2_초밥 준비하기

초밥초를 만들어 따뜻한 밥과 초밥초를 절반만 섞어 3~4회 가끔씩 저어주면서 초밥을 만든다.

3_초생강 준비하기

생강은 껍질을 벗겨서 얇게 편 썰기를 한 후 끓는 물에 데쳐 식혀서 초밥초의 절반 양에 절인다.

4_김밥 속 재료 준비하기

불린 박고지는 김 길이보다 약간 길게 자른 후 냄비에 물, 청주, 설탕, 간장을 넣고 윤기나게 졸여 준다. 오이는 가시를 제거한 후 김 길이로 자른 후 씨를 도려낸 다음 소금에 절인 다음 물기를 뺀다.

 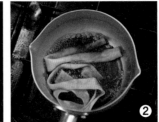 

┤ 유용한 TIP ├

● 박고지는 간이 잘 배도록 바삭 조린다.

5_달걀말이 하기

달걀에 다시 물, 설탕, 소금을 넣어 잘 푼 후 체에 내린 다음 달걀말이 팬에서 말이를 한 다음 김 길이로 만다.

> ### 유용한 TIP
> ● 달걀말이는 부드럽고 매끄럽게 부서지지 않도록 한다.

6_김초밥 만들기

❶ 김은 살짝 굽는다.

❷ 손식초를 만든다.

❸ 김발 위에 김을 놓고 초밥을 4/5 정도 깔리도록 골고루 편 후 그 위에 박고지, 오보로, 오이, 달걀말이를 놓고 단번에 말아서 잠시 둔 다음 다시 한 번 김발로 모양을 잡아서 8등분으로 자른다.

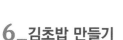

> ### 유용한 TIP
> ● 김초밥의 속 재료가 정중앙에 오도록 한다.
> ● 김초밥을 말아서 시간을 두고 자를 때 다시 모양을 잡은 다음 칼을 행주에 닦으면서 잘라야 단면이 깨끗하다.

7_완성하기

완성 그릇에 김초밥을 보기 좋게 담고, 오른편에 초생강을 곁들인다.

> ### 유용한 TIP
> ● 단무지가 나올 경우에는 단무지를 먹기 좋게 잘라서 초생강 옆에 곁들인다.

①	②	③	④	⑤	⑥	⑦
준비 작업	초밥 준비하기	초생강 준비하기	김밥 속 재료 준비하기	달걀말이 하기	김초밥 만들기	완성하기

복어조리기능사 수험자 유의사항

① 만드는 순서에 유의하며, 위생과 숙련된 기능평가를 위하여 조리작업 시 맛을 보지 않습니다.

② 지정된 수험자지참준비물 이외의 조리기구나 재료를 시험장 내에 지참할 수 없습니다.

③ 지급재료는 시험 전 확인하여 이상이 있을 경우 시험위원으로부터 조치를 받고 시험 중에는 재료의 교환 및 추가지급은 하지 않습니다.

④ 요구사항의 규격은 "정도"의 의미를 포함하며, 지급된 재료의 크기에 따라 가감하여 채점합니다.

⑤ 위생복, 위생모, 앞치마를 착용하여야 하며, 시험장비·조리도구 취급 등 안전에 유의합니다.

⑥ 다음 사항에 대해서는 채점대상에서 제외하니 특히 유의하시기 바랍니다.

　가) 기권 – 수험자 본인이 시험 도중 시험에 대한 포기 의사를 표현하는 경우

　나) 실격

　　● 독제거 작업과 작업 후 안전처리가 완전하지 않은 경우

　　● 불을 사용하여 만든 조리작품이 타거나 익지 않은 경우

　　● 위생복, 위생모, 앞치마를 착용하지 않은 경우

　　● 가스레인지 화구 2개 이상(2개 포함) 사용한 경우

　　● 시험 중 시설·장비(칼, 가스레인지 등) 사용 시 시험위원 및 타 수험자의 시험 진행에 위해를 일으킬 것으로 시험위원 전원이 합의하여 판단한 경우

　다) 미완성 – 시험시간 내에 과제 세 가지를 제출하지 못한 경우

　라) 오작 – 초회를 찜으로 조리하여 완성품을 요구사항과 다르게 만든 경우

⑦ 항목별 배점은 위생/안전 10점, 복어감별 5점, 조리기술 70점, 작품의 평가 15점입니다.

⑧ 시험 시작 전 가벼운 몸풀기(스트레칭) 동작으로 긴장을 풀고 시험을 시작합니다.

복어 조리기능사 실기시험 끝장내기

● 복 어 레 시 피 ●

복어 조리의 개요

복어회 국화 모양 / 복어껍질초회 / 복어죽 /

복어 맑은탕 / 복어껍질조림 / 복어회 학 모양 /

복어갈비구이 / 복어 술찜 / 복어 샤부샤부 /

복어 튀김 / 복어 타타키 / 복어 초밥 /

복어 지느러미술 / 복어 정소술 / 복어 살술

복어조리기능사 / 산업기사 / 기능장 실기과제 수록

복어 조리의 개요

복어 조리
[후구쵸리 : ふぐちょうり : 河豚調理]

[FUGU, Puffer, Blowfish, Globefish, Swellfish]

복어는 경골어류 복어목 복과 어류의 총칭으로 독이 거의 없는 것도 있는 반면에 난소, 간장, 내장, 피부 등에 맹독을 가지고 있는 것들도 있다. 복어목은 참복어과, 가시복과, 개복치과, 거북복과, 부채복과 및 쥐치과로 나누어진다. 식용 가능한 복어는 주로 참복어과이다.

식품의약품안전처의 식품공전에의 한 식용 가능한 복어의 21종류는 다음과 같다.
① 복섬 ② 흰점복 ③ 졸복 ④ 매리복 ⑤ 검복 ⑥ 황복 ⑦ 눈불개복 ⑧ 자주복 ⑨ 참복 ⑩ 까치복 ⑪ 민밀복 ⑫ 은밀복 ⑬ 흑밀복 ⑭ 불룩복 ⑮ 황점복 ⑯ 강담복 ⑰ 가시복 ⑱ 리투로가시복(브리커가시복) ⑲ 잔점박이가시복(쥐복) ⑳ 거북복 ㉑ 까칠복

식용 불가능한 복어는 다음과 같다.
① 별복 ② 별두개복 ③ 배복 ④ 벌레복 ⑤ 불길한복 ⑥ 선인복 ⑦ 꼬리복 ⑧ 폭포수복 ⑨ 무늬복 ⑩ 잔무늬속임수복 ⑪ 얼룩곰복 ⑫ 독고등어복 등이다.

01 복어 조리의 역사

우리나라에서 복어는 경남 김해 수가리의 신석기 시대 패총에서 대구, 농어, 가오리 등의 뼈와 졸복 뼈가 출토된 것으로 보아서 선사시대부터 복어를 먹었던 것으로 추정하고 있다. 본격적으로 복어가 문헌에 나타난 것은 약 200년 전에 중국의 산과 바다의 동식물을 기록한 책인 〈산해경〉(山海經)에 "이것을 먹으면 사람이 죽는다."라고 기록되어 있고, 수시대(隨時代)에 수의 과원방(菓元方)이 쓴 〈병원후록〉(秉原後碌)에 "복어의 간 및 내장에 많은 독이 있어 먹으면 종종 죽는다."라고 기록되어 있고, 명시대(明時代)에는 이시진(李蒔珍)이 쓴 〈본초강목〉(本草綱目)에는 복어 독에 대하여 "그 간과 난소에 많은 영양의 독이 있다."라고 기록되어 있다. 그 후 16세기 정재륜(鄭載崙: 1626~1723)이 쓴 〈공사견문록〉(公私見聞錄)에 보면 "인조(仁祖)는 복어요리를 즐겨 먹었다."라고 쓰여 있다. 1700년대 작자 미상인 〈경도잡지〉(京都雜誌)에는 "복숭아꽃이 떨어지기 전에 복어국을 먹는다."라는 기록과 1795년 이덕무(李德懋)가 쓴 〈청장관전서〉(靑莊館全書)에는 "2~3월 사이에 복어국을 먹고 죽는 자가 많다. 죽는 줄 알면서도 먹고 있다."라고 기록되어 있다. 1815년 빙허각(憑虛閣) 이씨가 쓴 〈규합총서〉(閨閤叢書)에는 복어의 특징과 해독법이 나온다. 이렇게 옛날 우리 조상들은 생명을 잃을 각오를 해가면서 복백탕(鰒白湯)을 즐겨 먹었다.

02 복어의 음식문화

복어의 음식문화는 지금으로부터 2000년 전의 고대 중국에서 널리 알려져 왔는데 버드나무의 새싹이 돋는 만춘(晚春) 때 즐겨 먹었고, 이때 복어에 독이 있다는 것을 알고 있었지만, 복어의 감칠맛 때문에 먹고 죽을 만큼 맛있었다고 송시대(宋時代)의 시인 소동파(篠東坡)는 기록하고 있다.

오늘날 복어를 즐겨 먹는 나라는 우리나라와 일본, 중국, 동남아 및 아프리카 등 최근에는 미국, 영국, 멕시코 등에서도 즐겨 먹는 것으로 알려졌다. 복어는 배가 볼록하고 웃는 소리가 돼지와 흡사하여 하돈(河豚), 강돈, 돈어라 하고, 화를 잘 낸다 하여 진어, 자기 몸의 3배 정도 배가 부풀어 올라서 기포어, 복어를 먹으면 죽는다 하여 폐어, 취토어, 공처럼 둥글다 하여 구어, 대모어라고 부른다. 현대에 와서 복어요리는 고급 음식으로 여기고 있는데, 지방질이 적고 미네랄이 풍부하여 그 맛이 담백하고 시원하다. 특히, 복어회는 철갑상어 알(Caviar), 거위 간(Foiegras), 떡갈나무 버섯(Truffle) 등의 세계 3대 진미 식품과 더불어 세계 4대 진미 식품에 선정되기도 한 고급 음식이다. 오늘날 일본의 복어요리는 지역에 따라 다양하나 전국에서 제일 유명한 곳은 시모노세키의 복어 요리로 다른 지역에 비해 복어의 어장이 근접해 있어 가격이 싸고 회가 조금 두꺼운 것이 특징이다.

03 복어의 영양

복어는 저지방, 저칼로리, 고단백질과 각종 무기질 및 비타민이 있어 다이어트 식품으로 최고이다. 복어의 근육 중에 IMP(Inosin Monophosphade)가 전 핵산 관련 물질에 대하여 39.6%를 차지할 정도로 감칠맛이 우수하며, 복어 열수추출물은 숙취해독에 효과가 있다. 복어의 지질 성분에는 EPA(고도불포화지방산인 : Eisosapentaenoic Acid)와 DHA(Docosahexaenoic Acid)가 비교적 많이 함유되어 있다.

특히, 최근 뇌 영양화학연구소의 Michael A Crawford 박사는 그의 저서에서 "생선에만 있는 이 영양소는 학습, 기억 기능을 향상시키고, 혈액 중의 콜레스테롤의 함량을 줄이며, 혈전을 방지하는 우수한 기능을 가지고 있음"을 밝혔다. 또한, 복어의 깊은 맛과 관련이 있는 유리 아미노산인 taurin, glycine, alanine 및 leucine이 전체 아미노산의 63%를 차지하고 있고, 고급 어종일수록 결합조직 중의 콜라겐 함량이 높아 촉감이 좋은데, 복어는 식용 가능한 어종 중에서도 콜라겐 함량이 높다. 복어와 어울리지 않는 식품은 감, 양갱, 팥밥이다.

04 복어의 독성분

복어 독은 색과 냄새가 없으며 고온 300℃에서도 분해되지 않는 특징을 가지고 있다. 복어 한 마리가 성인 33명의 생명을 빼앗을 수 있는 맹독을 지니고 있으며 사람에 대한 치사량은 2mg이고, 독성이 가장 강한 시기는 산란기 직전의 5~7월이다. 복어 독의 특징은 수용성이라 찬물로 잘 씻어서 흐르는 물에서 피를 빼는 것이 중요하며 조직 중의 복어 독은 파괴되거나 씻겨지지 않으므로 잘 제거하는 것이 복어 조리법의 비결이다.

복어의 독은 1909년 일본의 다하라(田原) 박사에 의하여 테드로도톡신(TTX=Tetrodotoxin)명명되었으며, 부위별 독성은 난소, 간장, 내장, 피부 순으로 많다. 1980년대에 복어의 독은 체내에서 만들어지지 않음이 밝혀졌다. 복어의 독은 복어가 먹는 먹이사슬(문절망둑, 개구리, 무늬 문어, 고동(권패류), 소라, 불가사리, 벌레 등)에 의해 생겨나고, 계절에 따라 독성이 변하는데 여름부터

겨울에 걸쳐 간의 독성이 증가한다. 하지만 양식 복어는 무독하거나 천연 복보다 독성이 낮다. 복어 중 무독한 것도 있지만 유독한 것이 많고 치사율도 60%에 이르고 있다. 복어 독의 정체와 특징인 테트로도톡신(TTX=Tetrodotoxin)은 복어 독의 결정체이다.

복어 독의 강함은 청산가리의 1,000배에 비교할 만큼 맹독이고, 복어 독의 결정은 무색, 무취, 무미로 초산 산성액에는 극히 녹이기 쉽지만, 물과 알코올에는 녹기가 어렵다. 복어에 사용하는 채소 중 콩나물이나 미나리를 함께 넣어 탕을 만드는 이유는 해독작용은 물론이고 복어의 성분을 상승시켜 혈액을 맑게 해주며 피부를 아름답게 하고, 고혈압과 신경통의 효과를 증진시키기 때문이다.

05 가식 부위와 불 가식 부위

1 복어의 가식 부위
주둥이, 머리뼈, 옆구리뼈, 중앙뼈, 복어살, 복어가마살, 배꼽살, 속껍질, 겉껍질, 복혀, 지느러미, 정소(이리) 등

2 복어 불 가식 부위
눈, 아가미, 심장, 신장(콩팥), 부레, 비장, 위장, 간장, 담낭(쓸개), 방광(오줌보), 난소, 피점액 등

06 복어의 중독 증상

복어의 중독 증상은 흡수와 배수가 빨라서 식후 30분, 늦어도 2~3시간이면 발병한다. 치사 시간도 1시간 30분에서 약 8시간이고, 8시간을 넘기면 회복할 확률이 높다.

1 제1도(중독의 초기증상)
입술과 혀끝이 가볍게 떨리면서 혀끝의 지각이 마비되며, 무게에 대한 감각이 둔화된다. 보행이 자연스럽지 않고 구토 등 제반 증상이 나타난다.

2 제2도(불완전 운동마비)
구토 후 급격하게 진척되며 손발의 운동장애와 발성장애가 오며 호흡곤란 등의 증상이 나타난다. 지각마비가 진행되어 촉각, 미

각 등이 둔해지며, 언어장애가 나타나고 혈압이 현저히 떨어지거나 조건반사는 그대로 나타나고 의식도 뚜렷하다.

③ 제3도(완전 운동마비)

골격근의 완전 마비로 운동할 수 없으며 호흡 곤란과 혈압 강하가 더욱 심해지며 언어장애 등의 의사전달이 안 된다. 산소 결핍으로 인하여 입술, 뺨, 귀 등이 파랗게 보이는 치아노제 현상이 나타난다. 가벼운 반사작용만 가능하고 의식불명의 초기증상이 나타난다.

④ 제4도(의식 소실)

완전히 의식불능 상태에 돌입하고 호흡곤란과 심장박동이 정지되어 사망한다. 이 시기에도 심박동은 미약하지만 그대로 유지된다. 복어 중독 시의 치료로는 유독물을 한시라도 빨리 구토해 내는 것이 중요하다. 물, 미지근한 물, 증조수, 식염수 등을 다량으로 마시게 하여 위 세척하도록 하고 환자를 안정시킨 다음 가까운 병원으로 옮겨 응급처치를 받도록 한다.

07 복어 독 중독 시 응급조치

먹지 말아야 할 독을 먹어서 복어 중독 시에는 응급처지가 제일 중요한데, 유독물을 단 1초라도 빨리 구토하는 것이 급선무이다. 방법은 손가락으로 인두를 자극해서 억지로 구토를 한다, 그다음 물, 증조수, 식염수, 미온탕 등을 다량 마시고 위안을 세척하듯이 전부 토해내는 것이 중요하다. 그다음 바로 병원으로 가서 의사의 진단을 받도록 한다. 복어 독은 칼로리에 약해 쉽게 파괴되는 성질을 갖고 있어서 증조수를 마시는 것이 더욱 효과가 좋다.

08 복어 난소와 정소의 구별법

복어는 암컷과 수컷이 있는데 암컷에 들어 있는 독이 많아서 핏줄과 명란젓과 비슷하게 생긴 난소를 먹으면 죽지만 수컷에 들어있는 매끄럽게 떡가래 같은 정소는 먹을 수가 있다. 암컷에 들어있는 난소를 곤이(まこ鯤鮞)라 부르고, 수컷에 들어있는 정소를 이리('이'라고 부른다. 어백은 생선의 종류에 따라 다르지만, 약

80%의 수분과 1~5%의 지방을 함유하고 있다. 특히, 복어의 이리(しらこ白子)는 중국의 절세미인 유방에 비유하여 서시유(西施乳)라 할 만큼 그 맛이 일품이다.

09 복어의 종류

복어는 세계의 열대 및 온대지역의 따뜻한 해역에 널리 분포하고 있다. 세계적으로 약 120종류가 알려졌으나 이 가운데 우리나라와 일본 근해에 분포하고 있는 것은 약 38종류가 있다. 그중 가장 고급 어종으로는 자주복, 검자주복 및 검복의 3종류가 있다. 복어의 명칭은 지방에 따라서 여러 가지 속명으로 부른다.

우리나라의 어획 시기는 9월~다음 해 5월 중이고, 중국은 10~11월이다. 4월 산란기에 양이 많아지며, 자주복 등의 고급품의 수요 시기인 동절기에는 선어가 주체이지만, 봄철에는 냉동품이 많이 유통된다.

- 복섬(쿠사후구 : クサ:河豚)
- 흰점복(코몽 : コモン河豚1)
- 졸복(히강 : ヒガン河豚)
- 메리복(쇼사이 : ショウサイ : 河豚)
- 검복(마후구 : マ河豚)
- 황복(메후구 : メ河豚)
- 눈불개복(아카메후구 : アカメ河豚)
- 자주복/범복(토라후구 : トラ河豚)
- 검자주복/참복(카라스후구 : カラス河豚)
- 까치복/줄무늬복(시마후구 : シマ河豚)
- 금(민)밀복(카나후구 : カナ河豚)
- 흰(은)밀복(시로사바후구 : シロサバ河豚)
- 검은(흑)밀복(쿠로사바후구 : クロサバ河豚)
- 불룩복(요리토후구 : ヨリト河豚)
- 삼채복(황점복)(사이사이후구 : サイサイ 河豚)
- 거북복(하코후구 : ハコ河豚)

복어 잡는 방법 01

복어를 물로 깨끗이 씻어 물기를 제거한다.

복어의 등 쪽 지느러미를 자른다.

복어의 배지느러미를 자른다.

복어의 양옆 지느러미를 자른다.

복어의 콧구멍 부위를 자른다.

콧구멍 앞에서 주둥이를 자를 때 혀가 잘리지 않도록 주의한다.

주둥이 앞쪽 부위를 데바칼로 자른다.

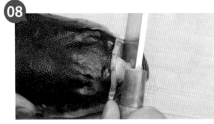

주둥이의 뒤쪽 부위를 자른다.

복어의 혀 밑으로 칼을 넣고 주둥이를 자른다.

주둥이의 윗 이빨 사이에 데바 칼의 뒷 부분을 대고 툭 쳐서 자른다.

복어 머리 부분의 껍질 쪽에 칼집을 넣는다.

복어의 꼬리 끝까지 자른다.

복어의 머리 반대쪽도 칼집을 넣는다.

반대편도 복어 꼬리 끝까지 복 살이 다치지 않게 주의하면서 자른다.

꼬리 쪽을 자른 후 꼬리를 데바칼로 눌린 다음 왼손으로 껍질을 머리 쪽으로 당긴다.

등 쪽 껍질을 완전히 벗겨낸다.

덜 벗겨진 미가와(みかわ) 부분을 벗긴다.

배 쪽 부분의 껍질 끝을 자른다.

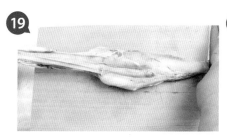

배 쪽 껍질을 완전히 벗겨낸다.

아가미와 머리뼈 사이에 칼집을 깊숙이 넣는다.

옆구리 부분에 뼈를 자른다.

22 머리 쪽에서 배꼽까지 칼날로 자른다.

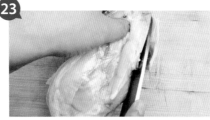

23 반대편 머리와 아가미 사이에 칼을 끝까지 넣는다.

24 머리와 연결된 옆구리 뼈를 자른다.

25 머리 쪽에서 배꼽까지 칼날로 자른다.

26 복 혀를 잡고 머리 부분과 연결 부위를 자른다.

27 아가미를 떼어낸다.

28 눈을 제거한다. 반대편 눈도 제거한다.

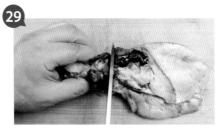

29 왼손으로 아가미 양옆을 모아서 잡고 칼을 넣는다.

30 아가미 부분을 떼어낸다.

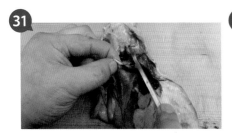

31 왼손으로 안쪽을 잡고 아가미 옆구리 뼈 사이를 자른다.

32 반대편 왼손으로 안쪽을 잡고 아가미 옆구리 뼈 사이를 자른다.

33 데바칼로 혀를 누르고 왼손으로 내장을 떼어낸다.

34

내장을 완전히 떼어낸다.

35

옆구리 옆의 잔뼈의 앞쪽을 칼로 툭 쳐서 자른다.

36

반대편 옆구리 옆의 잔뼈의 앞쪽을 칼로 툭 쳐서 자른다.

37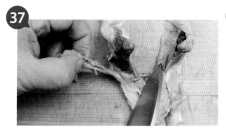

자른 잔뼈를 손으로 당겨서 떼어낸다.

38

반대편 자른 잔뼈를 손으로 당겨서 떼어낸다.

39

옆구리 뼈 부분의 피를 긁어낸다.

40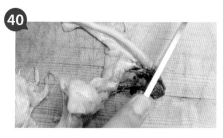

옆구리 앞부분의 뼈를 칼로 자른다.

41

반대편 옆구리 뼈 부분의 피를 긁어낸다.

42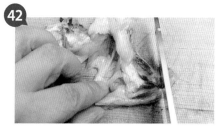

반대편 옆구리 앞부분의 뼈를 칼로 자른다.

43

손질된 상태의 복 혀와 옆구리 살 부분

44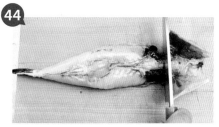

머리와 몸통을 분리시킨다.

45

머리를 반으로 자른다.

머리를 도마방향으로 놓고 살짝 들어 피맺힌 부분을 자른다.

머리 안쪽 부분에 칼집을 준다.

칼턱으로 피와 점액 등을 긁어낸다.

머리 사이에 골수 등도 긁어낸다.

머리 반대편도 피맺힌 부분을 자른다.

머리 안쪽에 칼집을 준다.

칼턱으로 피와 점액 등을 제거한다.

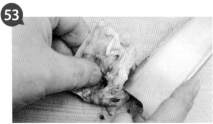

머리부분에 골수 등을 긁어낸다.

배꼽에 칼이 45℃ 각도로 가운데 뼈까지 자른다.

반대편도 배꼽에 칼이 45℃ 각도로 가운데 뼈까지 자른다.

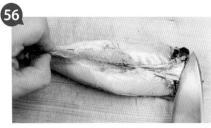

배꼽을 떼어낸다.

가운데 뼈 부분으로 칼집 넣어 칼턱으로 가운데 피를 긁어낸다.

58 신장을 긁어낸다.

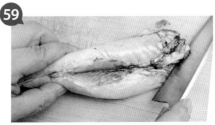

59 반대편 신장도 긁어낸다.

60 물에 씻은 복어의 가운데 뼈를 따라 복 살을 포뜨기 한다.

61 반대편도 세장뜨기 한다.

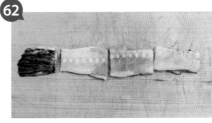

62 가운데 길이 5cm로 뼈를 토막 낸다.

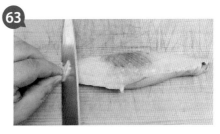

63 복 살 꼬리 부분에 칼집을 약간 넣는다.

64 등 쪽에 속껍질을 얇게 벗겨낸다.

65 왼손으로 복 살을 누른 상태에서 등 쪽 살 부분의 겉껍질을 얇게 벗겨낸다.

66 왼손으로 복 살을 누른 상태에서 배 쪽 살 부분의 겉껍질을 얇게 벗겨낸다.

67 복어 살의 가운데 뼈 부분도 다듬는다.

68 소금물에 손질한 복어살을 5분 정도 담 가둔다.

69 복어살을 마른행주에 싸둔다.

복어 회용 살을 싸둔 상태

복어 주둥이, 지느러미, 정소는 소금으로 문질러 씻는다.

옆 지느러미로 나비 촉수 모양을 만들어 준다.

그릇에 나비모양을 만들어 건조시킨다.

등 쪽, 배 쪽, 꼬리지느러미도 건조시킨다.

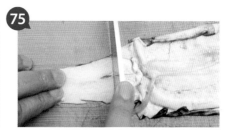

복어 배쪽의 속껍질을 벗겨낸다.

복어 등 쪽의 속껍질을 벗겨낸다.

등 쪽 껍질 앞부분에 칼집을 2~3번 넣는다.

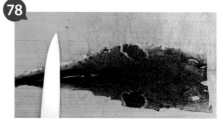

나무도마에 등 쪽 껍질을 칼등으로 찰싹 붙인다.

등 쪽 껍질의 가시를 칼을 왔다 갔다 하면서 제거한다.

배 쪽의 앞부분에도 칼집을 2~3번 넣는다.

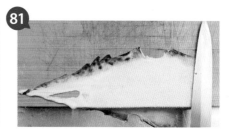

나무도마에 배 쪽 껍질을 칼등으로 찰싹 붙인다.

배 쪽 껍질의 가시를 칼을 왔다 갔다 하면서 제거한다.

등 쪽과 배 쪽의 가시를 제거한 상태

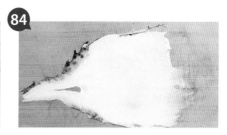

등 쪽과 배 쪽의 가시를 제거한 상태

복어의 먹을 수 있는 부분을 손질한 상태

끓는 물에 청주를 약간 넣은 후 복어의 배 쪽, 등 쪽, 회용 얇게 벗긴 껍질 살을 삶는다.

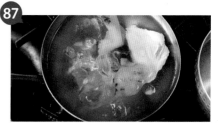

삶은 껍질을 얼음물에 식힌다.

복어 주둥이를 끓는 물에 데친다.

복어 정소를 끓는 물에 데쳐 얼음물에 식힌다.

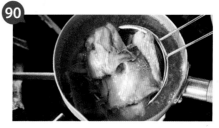

손질한 복어살도 데쳐 얼음물에 식힌다.

삶은 배 쪽의 속껍질 안쪽에 점액 등을 긁어낸다.

현장에서는 냉장고에서 삶은 복어 껍질을 말리고 시험 때는 마른행주로 싸서 물기를 제거해 둔다.

껍질을 말려둔 상태

복어 가식과 불 가식 부위 구별법[제1과제]

시험시간
―
1분

[제1과제]   복어부위감별법

[요구사항]   제시된 복어 부위별 사진을 보고 1분 이내에 부위별 명칭을
답안지의 네모칸 안에 작성하여 제출하시오.

02

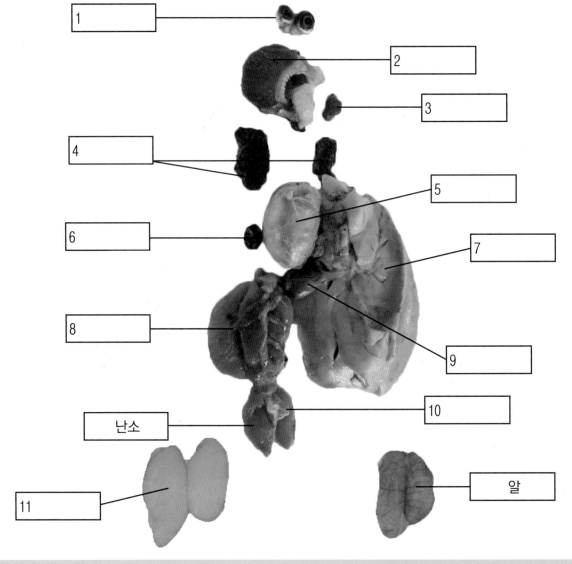

1 눈알 2 아가미 3 심장 4 신장(콩팥) 5 부레 6 비장 7 간장 8 위장 9 담낭(쓸개) 10 방광 11 정소

복어 가식 부위 (먹을 수 있는 부위)

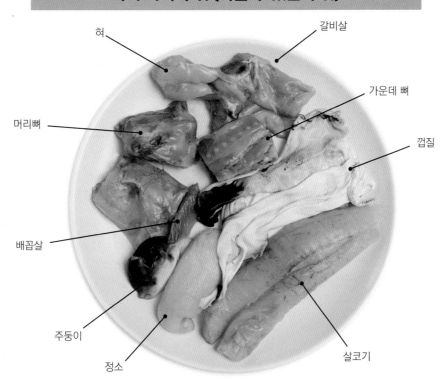

혀
갈비살
가운데 뼈
머리뼈
껍질
배꼽살
주둥이
정소
살코기

복어 불 가식 부위(먹을 수 없는 부위)

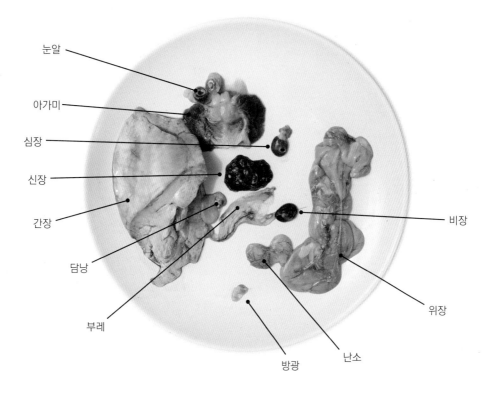

눈알
아가미
심장
신장
간장
담낭
비장
부레
위장
방광
난소

복어회 국화 모양

회조리

2과제
—
55분

후구사시미 = 텟사
河豚さしみ
てっさ
Fugu Sashimi

03

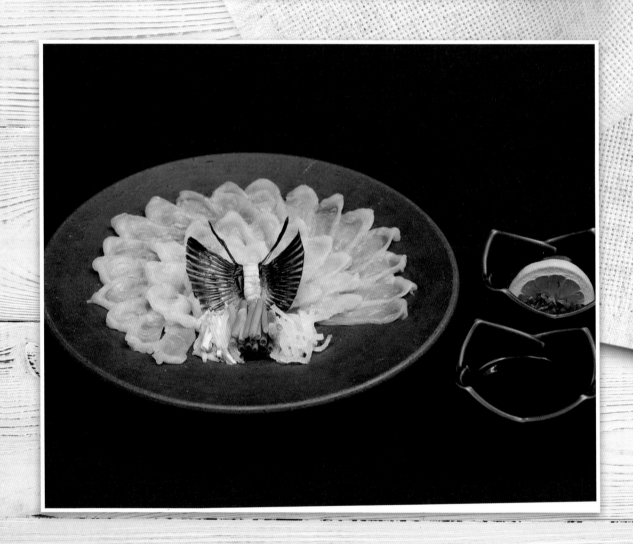

요 / 구 / 사 / 항

[복어조리기능사 과제2] 소제와 제독 작업을 철저히 하여 복어회, 복어껍질초회, 복어죽을 만드시오.

1) 복어의 겉껍질과 속껍질을 분리하여 손질하고 가시는 제거하시오.

2) 회는 얇게 포를 떠서 국화꽃 모양으로 돌려 담고, 지느러미, 껍질, 미나리를 곁들이고, 초간장(폰즈), 미나리, 실파, 무즙(모미지오로시)을 사용하여 무쳐내시오.

3) 복어껍질초회는 폰즈, 실파, 빨간 무즙(모미지오로시)을 사용하여 무쳐내시오.

4) 껍질, 미나리 등을 4㎝ 정도 길이로 썰어 사용하시오.

5) 죽은 밥을 씻어 사용하고, 살은 가늘게 채 썰거나 뼈에 붙은 살을 발라내어 사용하고, 당근, 표고버섯은 다지고, 뼈와 다시마로 다시를 만들고, 달걀은 완성 전에 넣어 섞어주고, 채 썬 김을 얹어 완성하시오.

지 / 급 / 재 / 료 / 목 / 록

복어 살	1마리 분량	무	50g
미나리	50g	고춧가루(고운 것)	2g
가다랑어포(카츠오부시)	5g	레몬	1/8개
건다시마(5×10㎝)	1장	진간장	15㎖
실파(1뿌리)	10g	식초	15㎖

중요레시피

- 초간장(폰즈소스)
  일번다시 15㎖, 진간장 15㎖, 식초 15㎖
- 양념(야쿠미)
  무즙 30g, 고운 고춧가루 2g, 실파 10g, 레몬 1/8개

용어해설

- 모쿠렌츠쿠리[もくれんつくり : 木蓮 造리] 목련회
- 나미츠쿠리[なみつくり : 波造리] 파도회
- 츠바키노하나츠쿠리[つばきのはなつくり : 椿の花造리] 동백꽃회
- 츠루츠쿠리[つるつくり : 鶴造리] 학회
- 키쿠츠쿠리[きくつくり : 菊造리] 국화회
- 쿠쟈쿠츠쿠리[クジャクつくり : 孔雀造리] 공작회

1_복어회용 살 준비하기

복어를 밑 손질한 후 등 쪽과 배 쪽의 질긴 껍질 살을 얇게 벗겨 낸 것을 소금물에 담가뒀다가 물기를 제거한 후 살만 마른 면포에 싸둔다.

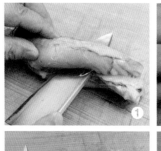

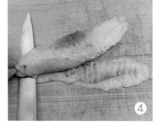

2_복어 지느러미 말리기

복어 지느러미는 소금으로 문질러 씻은 후 작은 접시에 부채꼴이나 나비 모양을 만들어 말려둔다.

3_껍질 가시 제거하기

복어의 등 쪽과 배 쪽 부분의 가시를 나무도마 위에서 생선회 칼로 제거한 후 소금으로 문질러 씻어서 끓는 물에 반쯤 삶아서 얼음물에 식힌 다음 물기를 제거해서 말려둔다.

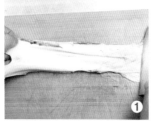

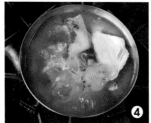

> **유용한 TIP**
>
> ● 복어회용 살의 얇은 껍질을 벗길 때 살이 다치지 않도록 주의한다.

4_복어회 국화 모양 포뜨기

❶ 복어회를 뜨는데 둥근 접시를 왼편에 준비하고, 도마와 행주에 물기가 적당히 흡수되도록 적신 후 도마의 오른편에 접어놓고 레몬 물도 따로 준비한다.

❷ 준비해둔 복어 살의 껍질 부분이 바닥으로 높은 쪽이 내 몸의 바깥쪽, 낮은 쪽이 내 안쪽으로 오도록 사선으로 놓는다.

❸ 오른손으로 칼을 잡아 왼손 검지로 복어살을 누른 후 오른쪽이 약간 두껍게 왼쪽은 얇게 해서 길이 9~10㎝, 폭이 2~3㎝ 정도로 시계 반대 방향으로 놓으면서 종이처럼 얇게 포를 뜬다.

5_완성하기

복어회를 뜨고 남은 자투리 살은 채 썰어 중앙에 담아 여기에 지느러미를 세우고 그 앞에 미나리를 놓고 양옆으로 준비된 껍질 살을 4cm 정도로 채 썰어 가지런히 놓고, 등 쪽 껍질 한 조각으로 갈매기 모양으로 잘라 장식한다.

  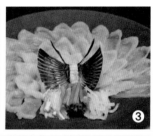

> **유용한 TIP** ● 칼을 위에서 아래로 단번에 당기는 기분으로 회를 뜨고, 접시의 바닥이 비칠 정도로 얇게 포를 뜬다.
> ● 시계 반대 방향으로 회를 돌려 담고, 회가 마무리될 때까지 칼을 손에서 내려놓지 않는다.
> ● 갈매기 모양을 만들어 놓으면 모양이 더욱 예쁘게 보인다.

6_초간장과 양념 준비해서 곁들이기

초간장을 만들고, 실파는 채 썰어 씻어 물기를 제거하고, 남은 절반의 무는 강판에 갈아서 씻어서 고운 고춧가루를 섞어서 빨간 무즙을 만들고, 레몬은 반달모양으로 자른 다음 작은 그릇에 담는다.

---

❶	❷	❸	❹	❺	❻
복어회용 살 준비하기	복어 지느러미 말리기	껍질 가시 제거하기	복어회 국화 모양 포뜨기	완성하기	초간장과 양념 준비해서 곁들이기

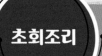

복어껍질초회

2과제 — 55분

후구카와스노모노
ふぐかわすのもの
河豚皮酢の物
Vinegared Dish of Fugu

04

요 / 구 / 사 / 항

[복어조리기능사 과제2] 소제와 제독 작업을 철저히 하여 복어회, 복어껍질초회, 복어죽을 만드시오.

1) 복어의 겉껍질과 속껍질을 분리하여 손질하고 가시는 제거하시오.

2) 회는 얇게 포를 떠서 국화꽃 모양으로 돌려 담고, 지느러미, 껍질, 미나리를 곁들이고, 초간장(폰즈), 미나리, 실파, 무즙(모미지오로시)을 사용하여 무쳐내시오.

3) 복어껍질초회는 폰즈, 실파, 빨간 무즙(모미지오로시)을 사용하여 무쳐내시오.

4) 껍질, 미나리 등을 4cm 정도 길이로 썰어 사용하시오.

5) 죽은 밥을 씻어 사용하고, 살은 가늘게 채 썰거나 뼈에 붙은 살을 발라내어 사용하고, 당근, 표고버섯은 다지고, 뼈와 다시마로 다시를 만들고, 달걀은 완성 전에 넣어 섞어주고, 채 썬 김을 얹어 완성하시오.

지 / 급 / 재 / 료 / 목 / 록

복어껍질	100g	가능)	1장
가다랑어포(카츠오부시)	5g	**무**	60g
건다시마(5×10cm)	1장	**고춧가루**(고운 것)	2g
미나리	40g	**레몬**	1/8개
실파	30g	**진간장**	30㎖
청차조기잎(시소, 깻잎으로 대체		**식초**	30㎖

용어해설

- 스노모노[すのもの : 酢の物] 초회
- 폰즈소스[ぽんずソース : ポン酢ソース] 초간장, 감귤류 즙
- 모미지오로시[もみじおろし: 紅葉卸] = 아카오로시[あかおろし] 무즙과 고운 고춧가루를 섞은 빨간 무즙

만드는 방법

1_일번다시 뽑기

냄비에 찬물과 위생행주로 닦은 건다시마를 넣고 끓이다가 다시가 끓기 직전에 다시마는 건져 낸 후 물이 끓을 때 카츠오부시를 넣고 불을 끈 다음 약 3~5분 후에 면포를 받힌 체에 걸러 일번다시(一番出汁)를 뽑는다.

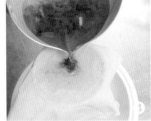

2_복어 껍질 채 썰기

복어 껍질의 가시를 제거하여 말린 복어의 속껍질과 겉껍질을 길이 3~4cm로 채 썬다.

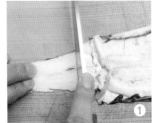

3_채소 준비하기

미나리는 나무젓가락으로 다듬은 후 3~4cm로 자른다.

4_초간장과 양념 준비하기

초간장을 만들고, 무는 곱게 갈아
서 고운 고춧가루와 섞어 아카오
로시를 만든 후 실파는 채를 썰어
흐르는 물에 씻어둔 다음 레몬은
잘라둔다.

> **유용한 TIP**
>
> ● 빨간 무즙(아카오로시 또는 모미
> 지 오로시)는 물기를 약간 뺀 다
> 음 보기 좋게 모양을 잡는다.

5_완성하기

볼에 채 썬 껍질을 미나리, 레몬
채, 양념과 초간장을 넣고 골고루
잘 섞은 다음 작은 그릇에 청차
조기잎을 깔고 그 위에 수북하게
담은 후 레몬으로 장식한다.

> **유용한 TIP**
>
> ● 초회는 물이 생기기 때문에 제출 직전에 무쳐서 나간다.

---

① 일번다시 뽑기 **②** 복어 껍질 채 썰기 **③** 채소 준비하기 **④** 초간장과 양념 준비하기 **⑤** 완성하기

복어죽

**2과제
55분**

후구조우스이
ふぐぞうすい
河豚雑炊
Fugu Rice Porridge

05

요 / 구 / 사 / 항

[복어조리기능사 과제2] 소제와 제독 작업을 철저히 하여 복어회, 복어껍질초회, 복어죽을 만드시오.

1) 복어의 겉껍질과 속껍질을 분리하여 손질하고 가시는 제거하시오.

2) 회는 얇게 포를 떠서 국화꽃 모양으로 돌려 담고, 지느러미, 껍질, 미나리를 곁들이고, 초간장(폰즈), 미나리, 실파, 무즙(모미지오로시)을 사용하여 무쳐내시오.

3) 복어껍질초회는 폰즈, 실파, 빨간 무즙(모미지오로시)을 사용하여 무쳐내시오.

4) 껍질, 미나리 등을 4㎝ 정도 길이로 썰어 사용하시오.

5) 죽은 밥을 씻어 사용하고, 살은 가늘게 채 썰거나 뼈에 붙은 살을 발라내어 사용하고, 당근, 표고버섯은 다지고, 뼈와 다시마로 다시를 만들고, 달걀은 완성 전에 넣어 섞어주고, 채 썬 김을 얹어 완성하시오.

지 / 급 / 재 / 료 / 목 / 록

복어 살이나 복어 뼈에 붙은 살		건다시마(5×10cm)	1장
	70g	달걀	1개
밥	100g	김	1/4장
당근(곧은 것)	50g	소금(정제염)	약간
생표고버섯(중)	1개		

- 복어죽
  씻은 밥 100g, 물(밥양의 2~3배), 복어 살이나 뼈에 붙은 살 50g, 실파 채 10g, 김 채 1/4장, 달걀 1개

용어해설

- 조우스이[ぞうすい : 雑炊] 맛 국물이 끓을 때 찬밥을 체에 밭쳐서 씻어 넣어 어패류나 채소 등의 내용물을 첨가하여 매끈하게 끓이는 것으로 특징은 밥의 찰기가 나오지 않게 하고 산뜻하게 하는 것으로 오래 끓이지 않고 만드는 즉시 바로 먹는 것이 맛있게 먹는 방법이다. 조우스이는 일반적으로 밥양의 2~3배의 정도의 물을 넣고 복지리 등을 먹고 남은 국물에 씻은 밥을 넣어 죽을 끓이는 것이다.

- 오카유[おかゆ : お粥] 불린 쌀 양에 물을 6~8배 정도 부어서 나무젓가락이나 나무주걱으로 저어가면서 끓이는 죽이다. 구체적으로 쌀 양에 물의 조절에 의해서 완전 죽, 3할 죽, 5할 죽, 7할 죽으로 구분하는데 요리에 사용할 경우에는 7할 죽을 첨가하는 경우가 많다. 약한 불에서 장시간 끓이면 찰기가 좋아진다. 한국식 죽을 끓일 때는 불린 쌀의 5~6배의 찬물을 붓고 끓인다.

1_복어 뼈 국물 우려내기

냄비에 찬물 3컵에 면포로 닦은 다시마와 복어 뼈를 넣고 물이 끓기 직전(95℃)에 다시마만 건진 후 은근한 불로 뼈 국물을 우린다.

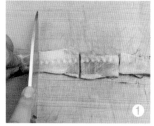
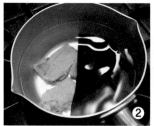

2_복어 살 준비하기

위에 서 우려낸 뼈만 건져서 숟가락으로 살만 발라낸 것과 복어살의 자투리 부분 등을 이용해서 가늘게 채 썬다.

3_채소 준비하기

표고버섯은 기둥을 제거한 후 잘게 다진다. 당근도 껍질을 벗긴 후 잘게 다진다. 실파는 송송 채 썰어서 준비한다.

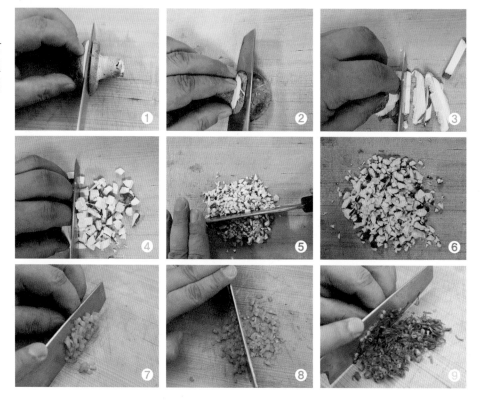

4_김 채 준비하기

김은 가늘게 채로 자른다.

5_죽 끓이기

냄비에 씻은 밥과 다시 물을 2~3 배가량 넣고 끓이다가 복어살과 표고버섯과 당근을 넣고 끓인다.

6_간하기

달걀을 깨뜨려 알끈을 제거한 다음 실파 채와 섞어둔다. 밥이 어느 정도 끓으면 소금으로 간을 하고 불을 끈 다음 푼 달걀과 실파를 넣고 골고루 섞는다.

7_완성하기

완성 그릇에 죽을 담고 김 채를 올려 완성한다.

1	2	3	4	5	6	7
복어 뼈 국물 우려내기	복어 살 준비하기	채소 준비하기	김 채 준비하기	죽 끓이기	간하기	완성하기

복어 맑은탕(산업기사)

산업기사 ─ 1시간30분

후구지리
ふぐちり
河豚チリ
Boiled Fugu with Vegetables

06

요 / 구 / 사 / 항 (산업기사)

※ 위생과 안전에 유의하여 주어진 재료로 다음과 같이 복어회, 복어맑은탕, 복껍질굳힘(니꼬고리)을 만드시오.
1) 복어는 시험 시작 후 15분 이내에 식용부위와 비식용부위를 분리하고, 지급한 네임텍 (Name-Tag)에 부위별 명칭을 기록하여 감독위원의 확인을 받으시오.
2) 복의 겉껍질과 속껍질을 분리·손질하여 복어회에 사용하시오.
3) 복어회에 지느러미를 사용하여 장식하시오.
4) 복어맑은탕 국물이 맑게 나오도록 복어를 데쳐서 사용하시오.
5) 복어맑은탕 완성품은 접시에 담아 감독위원의 확인을 받은 다음, 냄비에 담아 익혀내시오.
6) 껍질굳힘은 젤라틴을 사용해도 무방하며 필요시 냉장고를 이용하시오.
7) 복어회, 복어맑은탕, 복껍질 굳힘(니꼬고리)을 완성하여 제출하시오.
8) 복어회, 복어맑은탕의 야꾸미(양념)와 폰즈(초간장)를 만들어 따로 담아내시오.
9) 복어는 맹독성이므로 소제 작업과 제독 작업을 철저히 하시오.

지 / 급 / 재 / 료 / 목 / 록

복어	1마리	두부	50g
건다시마(5×10cm)	1장	복떡	20g
배추	50g	실파	10g
대파	1/2대	고춧가루(고운 것)	2g
표고버섯	1장	레몬	1/8개
팽이버섯	1/4봉지	진간장	15㎖
미나리	20g	식초	15㎖
당근	50g	청주	30㎖
무	100g	소금(정제염)	약간

중요레시피

- 맑은탕 국물
  다시마국물 500~600㎖, 청주 15㎖, 소금 약간
- 초간장
  일번다시 15㎖, 진간장 15㎖, 식초 15㎖
- 양념
  무즙 30g, 고운 고춧가루 2g, 실파 10g, 레몬 1/8개

용어해설

- 시모후리[しもふり : 霜降] 데치기. 재료를 뜨거운 물에 재빨리 데쳐 냉수에 담가 씻어 내는 것
- 폰즈소스[ぽんずソース : ポン酢ソース] 초간장, 감귤류 즙
- 모미지오로시[もみじおろし : 紅葉卸] = 아카오로시[あかおろし] 빨간 무즙, 무즙과 고운 고춧가루를 섞은 빨간 무즙
- 레몬[レモン] 레몬

1_다시마 국물 뽑기

냄비에 찬물 3컵에 면포로 닦은 건다시마를 넣고 물이 끓기 직전 (95℃)에 다시마를 건진다.

2_복어 손질하기

복어 손질 순서에 맞게 손질한 후 불 가식 부위는 따로 모아두고, 복어의 정소와 주둥이는 소금으로 문질러 씻고, 복어 살은 길이 3~4㎝로 비스듬히 잘라서 씻은 후 흐르는 찬물에 담가둔다.

유용한 TIP

● 복어 머리는 소금으로 문질러 씻은 후 데친 후 사용해야 국물이 깨끗해진다.

3_채소 손질하기

❶ 당근으로 두께 1㎝의 매화꽃 모양을 만들고, 절반의 무는 두께 0.7㎝ 은행잎 모양으로 만든 다음 소금을 넣은 물에서 절반 익혀 3쪽 정도 자르고, 배추와 절반의 미나리를 데쳐 찬물에 식혀 물기를 뺀 다음, 배춧속에 데친 미나리를 넣고 김발에 말은 후 자른다.

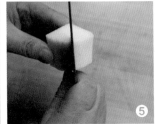

❷ 두부는 길이 5cm, 두께 1cm, 폭 4cm로 3쪽 정도 준비를 하고, 대파는 길이 5cm 두께 0.5cm로 어슷썰기하고, 표고버섯은 기둥을 떼고 별 모양, 팽이버섯은 밑동을 잘라둔다.

> **유용한 TIP**
>
> ● 당근과 무는 먼저 절반 삶은 후 매화꽃, 은행잎을 만들어도 된다.

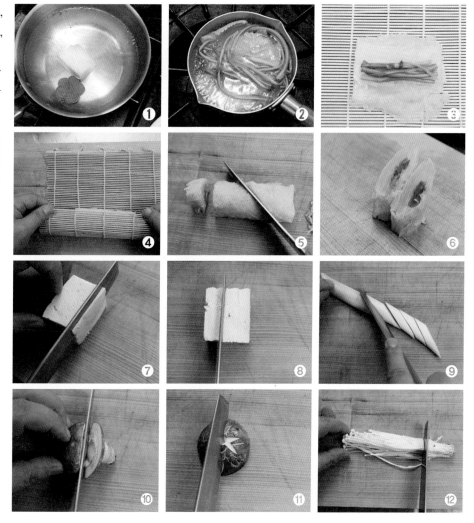

4_복어 데치기

채소를 데친 물이 끓으면 손질한 복어를 데쳐 찬물에 담근 후 다시 한 번 이물질을 깨끗하게 손질한다.

5_복 떡 굽기

복 떡은 전분을 묻혀 석쇠나 쇠꼬
챙이에 끼워서 노릇하게 굽는다.

6_냄비에 담기

냄비에 팽이버섯과 미나리, 쑥갓
을 제외한 모든 채소와 복어를 보
기 좋게 담아서 끓인다.

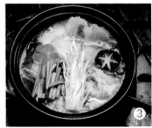

유용한 TIP

● 복 떡은 미리 넣으면 국물이 탁해지거나 물러질 수 있어서 중간쯤에 넣는다.

7_초간장과 양념 준비하기

초간장을 만들고, 실파는 채 썰어 씻어 물기를 제거하고, 남은 절반의 무는 강판에 갈아서 씻어서 고운 고춧가루를 섞어서 빨간 무즙을 만들고, 레몬은 반달모양으로 자른 다음 작은 그릇에 담는다.

8_완성하기

복어가 은근히 익으면 청주, 소금으로 간을 한 후 마지막에 팽이버섯, 미나리, 쑥갓을 올린 후 거품을 제거해서 완성한다. 복어 지리와 초간장과 양념을 함께 제출한다.

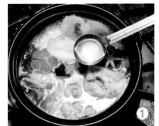
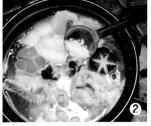

유용한 TIP

● 국물을 맑게 끓이는 것이 중요하기 때문에 처음에는 센 불로 시작해서 끓으면 약한 불로 은근히 끓인다.

| ① 다시마 국물 뽑기 | ② 복어 손질하기 | ③ 채소 손질하기 | ④ 복어 데치기 | ⑤ 복 떡 굽기 | ⑥ 냄비에 담기 | ⑦ 초간장과 양념 준비하기 | ⑧ 완성하기 |

복어껍질조림(산업기사)

후구니코고리
ふぐにこごり
河豚煮凝り
Jellied Fin of Fugu

07

요 / 구 / 사 / 항 (산업기사)

※ 위생과 안전에 유의하여 주어진 재료로 다음과 같이 복어회, 복어맑은탕, 복껍질굳힘(니꼬고리)을 만드시오.

1) 복어는 시험 시작 후 15분 이내에 식용부위와 비식용부위를 분리하고, 지급한 네임텍 (Name-Tag)에 부위별 명칭을 기록하여 감독위원의 확인을 받으시오.
2) 복의 겉껍질과 속껍질을 분리·손질하여 복어회에 사용하시오.
3) 복어회에 지느러미를 사용하여 장식하시오.
4) 복어맑은탕 국물이 맑게 나오도록 복어를 데쳐서 사용하시오.
5) 복어맑은탕 완성품은 접시에 담아 감독위원의 확인을 받은 다음, 냄비에 담아 익혀내시오.
6) 껍질굳힘은 젤라틴을 사용해도 무방하며 필요시 냉장고를 이용하시오.
7) 복어회, 복어맑은탕, 복껍질 굳힘(니꼬고리)을 완성하여 제출하시오.
8) 복어회, 복어맑은탕의 야꾸미(양념)와 폰즈(초간장)를 만들어 따로 담아내시오.
9) 복어는 맹독성이므로 소제 작업과 제독 작업을 철저히 하시오.

지 / 급 / 재 / 료 / 목 / 록

재료	수량	재료	수량
복어껍질	100g	청차조기잎(시소-깻잎으로 대체가능)	1장
가다랑어포(카츠오부시)	10g	진간장	15㎖
건다시마(5×10㎝)	1장	맛술	15㎖
가루 젤라틴	15g	청주	15㎖
생강	1개	소금	5g
실파	20g		

용어해설

● 니코고리[にこごり : 河豚煮凝り] 생선의 국물을 냉각하면 생선의 젤라틴 등으로 변하는 것
● 시소[しそ : 紫蘇] 청차조기잎

1_일번다시 뽑기

냄비에 찬물과 위생행주로 닦은 건 다시마를 넣고 끓이다가 다시가 끓기 직전에 다시마는 건져 낸 후 물이 끓을 때 카츠오부시를 넣고 불을 끈 다음 약 3~5분 후에 면포를 받힌 체에 걸러 일번다시 (一番出汁)를 뽑는다.

  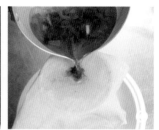

2_복어 껍질 채 썰기

복어 껍질의 가시를 제거하여 말린 복어의 속껍질과 겉껍질을 길이 3~4㎝로 채 썬다.

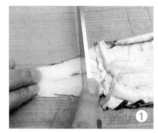  

3_채소 준비하기

생강은 돌려 깎기하거나 편으로 잘라서 겹친 후 가늘게 채 썰어 흐르는 물에 전분기를 빼고, 실파도 파란 부분을 가늘게 채 썰어 물에 씻어 준비해둔다.

┌─ 유용한 TIP ─┐

● 생강과 실파는 아주 가늘게 채로 자른다.

4_젤라틴 녹이기

냄비에 일번다시에 가루 젤라틴을
골고루 뿌린 후 수분이 흡수되
면 불을 켜서 젤라틴을 녹인 다음
끓인다.

> **유용한 TIP**
> ● 판 젤라틴은 찬물에 녹
>   여서 사용하고, 가루 젤
>   라틴은 다시 물에 골고
>   루 뿌린 후 사용한다.

5_끓여서 식혀 굳히기

젤라틴이이 녹으면 복어 껍질을
넣고 끓이다가 간장으로 색을 내
고, 맛술, 청주, 소금으로 간을 한
다음 은근히 끓인다. 마지막에 채
썬 생강과 실파를 넣고 골고루 섞
어 얼음물 위에 준비한 틀에 부어
식히는 과정에 2~3차례 저어 식으
면 냉장고에 넣어서 굳힌다.

> **유용한 TIP**
> ● 냉장고에 넣기 전에 껍
>   질과 생강, 실파 등이 가
>   라앉지 않도록 저어서
>   식힌 다음 넣는다.

6_완성하기

복어껍질이 굳어지면 틀에서 꺼내
서 요구사항에 따라 2~3㎝ 마름모
꼴로 잘라서 청차조기잎을 깐 완
성그릇 위에 담아 마무리한다.

1	2	3	4	5	6
일번다시 뽑기	복어 껍질 채 썰기	채소 준비하기	젤라틴 녹이기	끓여서 식혀 굳히기	완성하기

복어회 학 모양

조리시간
30분

후구츠루 츠쿠리
つるつくり
鶴造り
Fugu Crane Sashimi

08

요 / 구 / 사 / 항

회는 얇게 포를 떠서 학 모양으로 돌려 담고, 지느러미, 껍질, 미나리를 곁
들이고, 초간장(폰즈), 미나리, 실파, 무즙(모미지오로시)을 사용하여 무쳐
내시오.

지 / 급 / 재 / 료 / 목 / 록

복어 살	1마리 분량	무	50g
미나리	50g	고춧가루(고운 것)	2g
가다랑어포(카츠오부시)	5g	레몬	1/8개
건다시마(5×10㎝)	1장	진간장	15㎖
실파(1뿌리)	10g	식초	15㎖

중요레시피

● 초간장(폰즈소스)
  일번다시 30㎖, 진간장 15㎖, 식초 15㎖
● 양념(야쿠미)
  무즙 30g, 고운고춧가루 2g, 실파 10g,
  레몬 1/8개

복어회 종류

① 모쿠렌츠쿠리[もくれんつくり : 木蓮 造
リ] 목련회
② 나미츠쿠리[なみつくり : 波造リ] 파도회
③ 츠바키노하나츠쿠리[つばきのはなつくり
: 椿の花造リ] 동백꽃회
④ 츠루츠쿠리[つるつくり : 鶴造リ] 학회
⑤ 키쿠츠쿠리[きくつくり : 菊造リ] 국화회
⑥ 쿠쟈쿠츠쿠리[クジャクつくり : 孔雀造リ]
공작회

용어해설

● 다이콩[だいこん : 大根] 무
● 와케기[わけぎ : 分葱 : 冬葱] 실파

1_복어회용 살 준비하기

복어를 밑 손질한 후 등 쪽과 배 쪽의 질긴 껍질 살을 얇게 벗겨 낸 것을 소금물에 담가뒀다가 물기를 제거한 후 살만 마른 면포에 싸둔다.

2_복어 지느러미 말리기

복어 지느러미는 소금으로 문질러 씻은 후 작은 접시에 말려둔다.

3_껍질 가시 제거하기

복어의 등 쪽과 배 쪽 부분의 가시를 나무도마 위에서 생선회 칼로 제거한 후 소금으로 문질러 씻어서 끓는 물에 반쯤 삶아서 얼음물에 식힌 다음 물기를 제거해서 말려둔다.

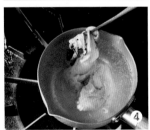

┌─ 유용한 TIP ─┐

● 복어회용 살의 얇은 껍질을 벗길 때 살이 다치지 않도록 주의한다.

4_복어 회 국화 모양 포뜨기

❶ 복어회를 뜨는데 회 접시를 왼편에 준비하고, 도마와 행주에 물기가 적당히 흡수되도록 적신 후 도마의 오른편에 접어놓고 레몬물도 따로 준비한다.

❷ 준비해둔 복어 살의 껍질 부분이 바닥으로 높은 쪽이 내 몸의 바깥쪽, 낮은 쪽이 내 안쪽으로 오도록 사선으로 놓는다.

❸ 오른손으로 칼을 잡아 왼손 검지로 복어살을 누른 후 오른쪽이 약간 두껍게 왼쪽은 얇게 해서 길이 9~10㎝, 폭이 2~3㎝ 정도로 시계 반대 방향으로 얇게 포를 떠서 학 모양을 만든다.

> **유용한 TIP**
> - 칼을 위에서 아래로 단번에 당기는 기분으로 회를 뜨고, 접시의 바닥이 비칠 정도로 얇게 포를 뜬다.
> - 시계 반대 방향으로 회를 돌려 담고, 회가 마무리될 때까지 칼을 손에서 내려놓지 않는다.
> - 갈매기 모양을 만들어 놓으면 모양이 더욱 예쁘게 보인다.

5_완성하기

복어회를 뜨고 남은 자투리 살은 채 썰어 중앙에 담아 여기에 지느러미를 세우고 그 앞에 미나리를 놓고 양옆으로 준비된 껍질 살을 채 썰어 가지런히 놓는다.

6_초간장과 양념 준비해서 곁들이기

초간장을 만들고, 실파는 채 썰어 씻어 물기를 제거하고, 남은 절반의 무는 강판에 갈아서 씻어서 고운 고춧가루를 섞어서 빨간 무즙을 만들고, 레몬은 반달모양으로 자른 다음 작은 그릇에 담는다.

1	2	3	4	5	6
복어회용 살 준비하기	복어 지느러미 말리기	껍질 가시 제거하기	복어 회 국화 모양 포뜨기	완성하기	초간장과 양념 준비해서 곁들이기

복어갈비구이

후구카루비야키

ふぐかるびやき

河豚チリ

Grilled Fugu Ribs

09

요 / 구 / 사 / 항

※ 주어진 재료를 사용하여 다음과 같이 복어 갈비구이를 만드시오.

가. 복어는 손질하여 갈비뼈로 구이를 하시오.

나. 갈비구이의 양념은 따로 담아내시오.

다. 복어는 맹독성이므로 소제 작업 및 해독 작업을 철저히 하시오.

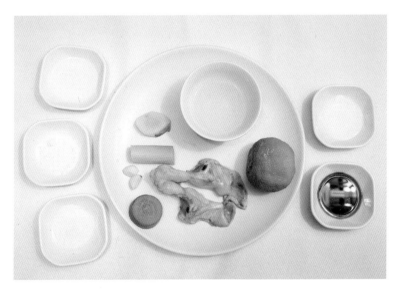

지 / 급 / 재 / 료 / 목 / 록

복어 갈비뼈	200g	생강	10g
복어 뼈	60g	레몬(유자)	20g
가다랑어포(카츠오부시)	5g	진간장	35㎖
건다시마	5g	맛술(맛술)	35㎖
당근	30g	청주	35㎖
대파	20g	흰설탕	15g
마늘	15g	소금	약간

중요레시피

- ● 갈비 밑간소스
  진간장 5㎖, 맛술 5㎖, 청주 5㎖, 생강 1/8개

- ● 갈비 테리야키소스
  복어뼈 국물이나 물 60㎖, 진간장 30㎖, 맛술 30㎖, 청주 30㎖, 설탕 15g, 소금 약간

용어해설

- ● 롯코츠 [ろっこつ:肋骨] 갈비뼈 = かるび = あばらほね

- ● 시타아지 [したあじ:下味] 밑간

- ● 유즈 [ゆず:柚子] 유자

1_일번다시 뽑기

냄비에 찬물과 위생행주로 닦은 건다시마를 넣고 끓이다가 다시가 끓기 직전에 다시마는 건져 낸 후 물이 끓을 때 카츠오부시를 넣고 불을 끈 다음 약 3~5분 후에 면포를 받힌 체에 걸러 일번다시(一番出汁)를 뽑는다.

2_복어 손질하기

복어를 손질하여 갈비뼈 부위를 손질한 후 간장, 맛술, 청주에 간생강을 넣고 약 5분간 재운다.

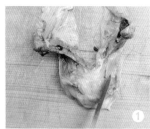

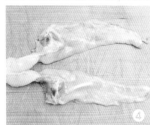

3_갈비 테리야키소스 만들기

절반의 대파와 마늘과 생강을 준비해서 불에 굽는다. 냄비에 청주와 맛술을 넣고 알코올누키 한 후 설탕과 간장을 넣은 다음 구운 채소를 넣어서 절반의 양이 될 때까지 은근히 졸인다.

4_채소 손질하기

당근으로 두께 1㎝의 매화꽃 모양을 만들고, 절반의 대파는 어슷하게 자르고 레몬은 껍질만 가늘게 채로 자른다.

5_복어 갈비 굽기

복어와 채소를 석쇠 위에서 쿠킹
호일을 깐 다음 테리야키 소스를
3~4회 발라가면서 갈색이 나도록
굽는다.

  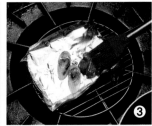

유용한 TIP

● 복어의 갈비가 타지 않게 샐러맨
  더에서 구우면 좋지만, 직화로
  구울 때는 쿠킹호일 등을 깔고
  하면 좋다.

● 복어갈비와 채소가 어느 정도 익
  힌 후 테리야키 소스를 3~4회 잘
  라준다.

● 복어갈비와 채소가 재료가 타지
  않게 굽는다.

6_완성하기

완성 그릇에 갈비구이를 놓고 당
근과 대파를 곁들이고 레몬 채를
곁들인다.

①	②	③	④	⑤	⑥
일번다시 뽑기	복어 손질하기	갈비 테리야키 소스 만들기	채소 손질하기	복어 갈비 굽기	완성하기

복어 술찜

조리시간
30분

후구사카무시
ふぐさかむし
河豚酒蒸
Fugu Saka Mushi

10

요 / 구 / 사 / 항

※ 주어진 재료를 사용하여 다음과 같이 복어 술찜을 만드시오.

가. 복어는 식용부위와 비식용부위 분류 작업을 하고, 부위별로 명시하시오.

나. 복어요리의 초간장과 양념은 따로 담아내시오.

다. 복어는 맹독성이므로 소제 작업 및 해독 작업을 철저히 하시오,

지 / 급 / 재 / 료 / 목 / 록

복어	1마리	두부	50g
건다시마(5×10cm)	1장	복떡	20g
배추	50g	실파	10g
대파	1/2대	고춧가루(고운 것)	2g
생표고버섯	1장	레몬	1/8개
팽이버섯	1/4봉지	진간장	30㎖
미나리	20g	식초	30㎖
당근	50g	소금	약간
무	100g		

중요레시피

● 찜 양념장
다시마국물 15㎖, 청주 15m, 소금 약간

● 초간장
일번다시 15㎖, 진간장 15㎖, 식초 15㎖

● 양념
무즙 30g, 고운 고춧가루 2g, 실파 10g, 레몬 1/8개

용어해설

● 시모후리[しもふり : 霜降] 데치기. 재료를 뜨거운 물에 재빨리 데쳐 냉수에 담가 씻어 내는 것

● 폰즈소스[ぽんずソース : ポン酢ソース] 초간장, 감귤류 즙

● 모미지오로시[もみじおろし: 紅葉卸] = 아카오로시[あかおろし] 빨간 무즙, 무즙과 고운 고춧가루를 섞은 빨간 무즙

● 레몬[レモン] 레몬

만드는 방법

1_다시마 국물 뽑기

냄비에 찬물 3컵에 면포로 닦은 건다시마를 넣고 물이 끓기 직전 (95℃)에 다시마를 건진다.

2_복어 손질하기

복어 손질 순서에 맞게 손질한 후 불 가식 부위는 따로 모아두고, 복어의 정소와 주둥이는 소금으로 문질러 씻고, 복어 살은 길이 3~4㎝로 비스듬히 잘라서 씻은 후 흐르는 찬물에 담가둔다.

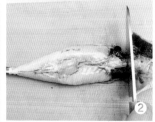
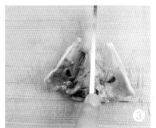

> **유용한 TIP**
> ● 복어 머리는 소금으로 문질러 씻은 후 데친 후 사용해야 국물이 깨끗해진다.

3_채소 손질하기

❶ 당근으로 두께 1㎝의 매화꽃 모양을 만들고, 절반의 무는 두께 0.7㎝는 은행잎 모양으로 만든 다음 소금을 넣은 물에서 절반 익혀 3쪽 정도 자르고, 배추와 절반의 미나리를 데쳐 찬물에 식혀 물기를 뺀 다음, 배춧속에 데친 미나리를 넣고 김발에 말은 후 자른다.

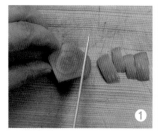
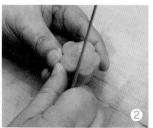

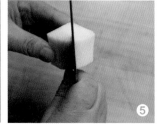

❷ 두부는 길이 5㎝, 두께 1㎝, 폭 4㎝로 3쪽 정도 준비를 하고, 대파는 길이 5㎝ 두께 0.5㎝로 어슷썰기하고, 표고버섯은 기둥을 떼고 별 모양, 팽이버섯은 밑동을 잘라둔다.

> **유용한 TIP**
>
> ● 당근과 무는 먼저 절반 삶은 후 매화꽃, 은행잎을 만들어도 된다.

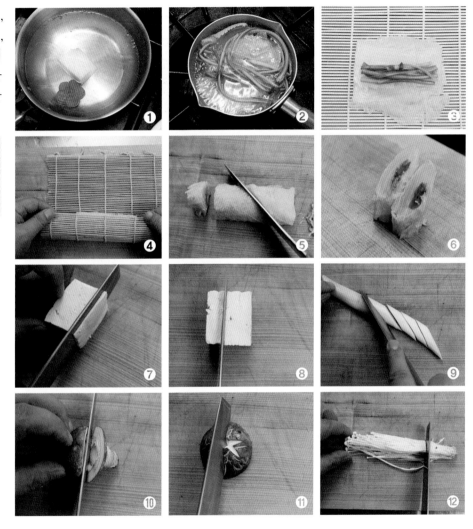

4_복어 데치기

채소를 데친 물이 끓으면 손질한 복어를 데쳐 찬물에 담근 후 다시 한 번 이물질을 깨끗하게 손질한다.

5_복 떡 굽기

복 떡은 전분을 묻혀 석쇠나 쇠꼬
챙이에 끼워서 노릇하게 굽는다.

6_냄비에 담기

냄비에 팽이버섯과 미나리, 쑥갓
을 제외한 모든 채소와 복어를 보
기 좋게 담아서 끓인다.

유용한 TIP

● 찜을 할 때는 찜 그릇에 물이 끓을 때 재료를 넣는다.

7_초간장과 양념 준비하기

초간장을 만들고, 실파는 채 썰
어 씻어 물기를 제거하고, 남은 절
반의 무는 강판에 갈아서 씻어서
고운 고춧가루를 섞어서 빨간 무
즙을 만들고, 레몬은 반달모양으
로 자른 다음 작은 그릇에 담는다.

8_완성하기

복어가 은근히 익으면 청주, 소금
으로 간을 한 후 마지막에 팽이버
섯, 미나리, 쑥갓을 올린 후 거품을
제거해서 완성한다. 복어 지리와 초
간장과 양념을 함께 제출한다.

1	2	3	4	5	6	7	8
다시마 국물 뽑기	복어 손질하기	채소 손질하기	복어 데치기	복 떡 굽기	냄비에 담기	초간장과 양념 준비하기	완성하기

복어 샤부샤부

후구샤부샤부
河豚しゃぶしゃぶ
Fugu Shabu-Shabu

11

요 / 구 / 사 / 항

※ 주어진 재료를 사용하여 다음과 같이 복어 샤부샤부를 만드시오.

가. 복어는 식용부위와 비식용부위 분류 작업을 하고, 부위별로 명시하시오.

나. 복어요리의 초간장(폰즈)과 양념(야쿠미)은 따로 담아내시오.

다. 복어는 맹독성이므로 소제 작업 및 해독 작업을 철저히 하시오.

지 / 급 / 재 / 료 / 목 / 록

복어 샤부샤부용 1마리		복 떡	20g
건다시마(5×10cm)	1장	실파	10g
배추	50g	우동	60g
대파	1/2대	달걀	1개
생표고버섯	1장	고운 고춧가루	5g
팽이버섯	1/4봉지	레몬	1/8개
미나리	20g	진간장	45㎖
쑥갓	20g	식초	30㎖
당근	50g	소금	약간
무	100g	흰참깨(볶은 것)	15g
두부	50g	맛술(미림)	15㎖

중요레시피

- 맑은탕 국물
  다시마 국물 500~600㎖, 청주 30㎖, 소금 약간

- 초간장
  일번다시 15㎖, 진간장 15㎖, 식초 15㎖

- 양념
  무즙 30g, 고운 고추가루 5g, 실파 10g, 레몬 1/8개

- 참깨소스
  다시물 30㎖, 참깨 15g, 진간장 30㎖, 맛술 15㎖

용어해설

- 고마[ごま : 胡麻] 참깨

만드는 방법

1_복어 뼈 국물 만들기

냄비에 찬물 500cc에 건 다시마
와 복어 뼈 60g을 넣고 물이 끓기
직전에 다시마는 건지고, 복어 뼈
국물을 서서히 끓이면서 복어 뼈
국물이 끓으면 거품을 걷어 내면
서 서서히 끓여 마지막에 청주와
소금으로 양념한다.

2_샤브샤브용 복어 살 준비하기

복어를 밑 손질한 후 등 쪽과 배
쪽의 질긴 껍질 살을 얇게 벗겨
낸 것을 소금물에 담가뒀다가 물
기를 제거한 후 살만 마른 면포에
싸둔다.

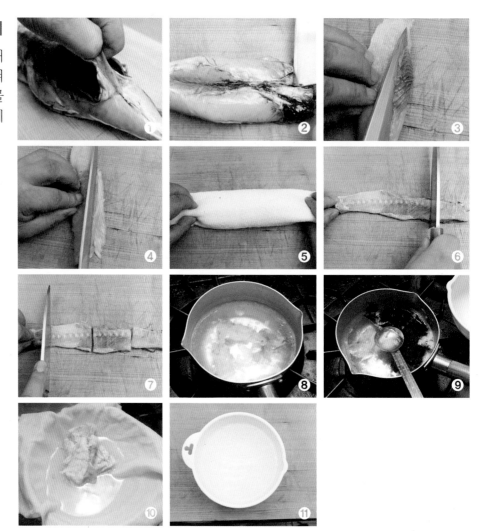

3_채소 준비하기

배추를 샤부샤부용으로 손질한
다. 배추는 길이 5cm, 폭 2~3cm로
비스듬히 잘라서 준비하고, 당근
을 매화꽃 모양, 무 은행잎 모양
으로 만든 후 각각 절반 정도 삶
는다.

대파는 길이 5cm 폭 0.2cm로 썰어
헹구고, 표고버섯은 0.2cm 두께로
얇게 썰어서 준비한 후 팽이버섯
은 밑동을 잘라 둔다.

미나리는 길이 5cm로 썰고, 쑥갓
은 손질해서 찬물에 담가두고 두
부는 도톰하게 잘라 둔다.

4_복 떡 굽기 / 우동삶기

❶ 복 떡을 길이 4~5㎝ 자른 후 쇠꼬챙이나 석쇠에 굽는다.

❷ 우동 70g을 저어 가면서 삶아 찬물에 씻은 후 물기를 제거한다.

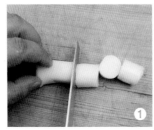

5_복어 샤부샤부용 포뜨기

복어 회를 뜨는 데 완성 접시를 왼쪽에 준비하고, 도마와 행주에 물기가 적당히 흡수되도록 적신 후 도마의 오른쪽에 접어서 잘 놓은 후 복어 살을 샤부샤부용 크기로 7㎝×3㎝×0.5㎝ 포를 뜨는 데 행주에 한 번씩 칼을 길게 닦아주면서 시계의 반대 방향으로 겹쳐 놓아 모양을 살린다.

6_초간장과 양념 준비하기

초간장을 만들고, 실파는 채 썰어 씻어 물기를 제거하고, 남은 절반의 무는 강판에 갈아서 씻어서 고운 고춧가루를 섞어서 빨간 무즙을 만들고, 레몬은 반달모양으로 자른 다음 작은 그릇에 담는다.

7_참깨 소스 준비하기

참깨를 프라이팬에 볶은 후 절구통에 잘게 간 후 다시 물과 맛술, 간장을 넣고 골고루 잘 섞는다.

8_완성하기

복어 뼈 국물이 끓으면 먼저 단단한 채소류(배추, 대파, 표고버섯, 당근, 무. 두부)를 먼저 익히고, 부드러운 채소(복 떡, 팽이버섯, 쑥갓, 미나리)를 넣는다. 복어살을 살짝 데친 후 채소와 같이 폰즈 소스나 참깨 소스에 찍어 먹고, 남은 국물에 삶은 우동이나 씻은 밥을 넣어 끓여 마지막에 푼 달걀을 넣고 저어 준다.

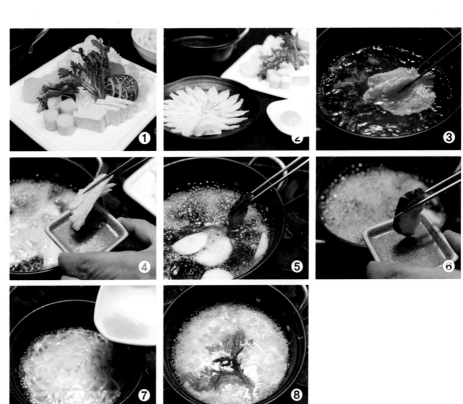

┌─ 유용한 TIP ─┐

● 거품은 반드시 걷고 센 불 또는 오래 끓이면 국물이 탁해지므로 끓기 시작하면 불을 줄여 은근히 맑게 끓여내는 것에 중점을 둔다.

● 끓여 낼 때 복 떡을 처음부터 넣으면 형태가 없어져 녹아버리기 때문에 주의하고, 팽이버섯과 미나리와 쑥갓은 마지막에 넣는다.

● 조리 후 국물은 반드시 제거한다.

①	②	③	④	⑤	⑥	⑦	⑧
복어 뼈 국물 만들기	샤브샤브용 복어 살 준비하기	채소 준비하기	복 떡 굽기 / 우동삶기	복어 샤부샤부용 포뜨기	초간장과 양념 준비하기	참깨 소스 준비하기	완성하기

복어 튀김

조리시간
20분

후구카라아게
ふぐからあげ
河豚空揚げ
Deep Fried Fugu

12

요 / 구 / 사 / 항

※ 주어진 재료를 사용하여 다음과 같이 복어 튀김을 만드시오.

가. 복어는 식용부위와 비식용부위 분류 작업을 하고, 부위별로 명시하시오.

나. 복어요리의 초간장과 양념은 따로 담아내시오.

다. 복어는 맹독성이므로 소제 작업 및 해독 작업을 철저히 하시오.

지 / 급 / 재 / 료 / 목 / 록

복어살	120g	마늘	1개
밀가루	15g	생강	1/2개
전분	15g	간장	15㎖
달걀	1개	청주	15㎖
청차조기잎(시소, 깻잎으로 대체가		흰설탕	5g
능)	1장	소금(정제염)	약간
파슬리	5g	한지	1장
레몬	1/8개	식용유	500㎖
실파	10g		

중요레시피

● 복어 튀김 양념
복어살 150g, 밀가루 15g, 전분 15g, 달걀노른자 1개, 실파 10g, 마늘 1개, 생강 1/2개, 진간장 15㎖, 청주 15㎖, 설탕 5g

용어해설

● 후구카라아게[ふぐからあげ : 河豚空揚げ] 중국식 재료에 간장, 청주, 맛술, 생강 등을 양념하여 녹말가루를 묻힌 중국식 튀김 요리

● 오이루[オイル] 식용유

만드는 방법

1_복어살 준비하기

복어를 밑 손질한 살을 도톰하게 잘라서 간장, 청주, 설탕, 생강즙을 넣어 간이 배도록 5분 정도 재워둔다.

> **유용한 TIP**
>
> ● 복어 살 또는 복어 뼈가 붙어있는 복어 살을 사용해도 무방하다.

2_채소 준비하기

마늘과 생강은 곱게 다지고, 실파는 송송 채를 썰고, 레몬도 반달 모양으로 자른다.

3_복어 버무리기

재워둔 복어살에 달걀노른자와 채 썬 실파를 넣고 섞은 후 밀가루와 전분을 동량으로 버무린다.

4_복어 튀기기

튀김 온도 160~170℃의 온도에서
복어살을 노릇노릇하게 튀기고,
차조기도 뒷면만 밀가루를 묻힌
후 튀김옷을 묻혀서 튀겨낸다.

> **유용한 TIP**
> ● 튀김 온도를 잘 지켜 노릇노릇하
> 게 튀겨내는 것에 중점을 둔다.

5_완성하기

완성 그릇에 한지를 깔고 튀긴 복
어 살과 차조기를 담고, 레몬을
곁들이고 파슬리로 장식 다음 레
몬을 곁들인다.

복어 타타키

조리시간
20분

후구타타키
ふぐたたき
河豚叩き
Fugu Tataki

13

요 / 구 / 사 / 항

※ 주어진 재료를 사용하여 다음과 같이 복어 타타키를 만드시오.

가. 복어는 식용부위와 비식용부위 분류 작업을 하고, 부위별로 명시하시오.

나. 복어요리의 초간장과 양념은 따로 담아내시오.

다. 복어는 맹독성이므로 소제 작업 및 해독 작업을 철저히 하시오.

지 / 급 / 재 / 료 / 목 / 록

복어살	100g	**미나리**	10g
가다랑어포(카츠오부시)	1/4컵	**실파**	10g
건다시마(5×10cm)	1장	**레몬**	1/8개
진간장	15㎖	**소금**(정제염)	50g
식초	15㎖	**쇠꼬챙이**	2개
무	50g	**각얼음**	1컵
고춧가루(고운 것)	2g		

중요레시피

- 초간장
  일번다시 15㎖, 진간장 15㎖, 식초 15㎖

- 양념
  무즙 30g, 고운 고춧가루 2g, 실파 10g,
  레몬 1/8개

용어해설

- 타타키[たたき : 叩き] ① 두들김 ② 다진 고기 ③ 손질한 육류나 어패류 등에 소금을 묻혀 직화로 구울 때 타타타 소리를 낸다하여 타타키라 함

 만드는 방법

1_일번다시 뽑기

냄비에 찬물과 위생행주로 닦은 다시마를 넣고 끓이다가 다시가 끓기 직전에 다시마는 건져 낸 후 물이 끓을 때 가다랑어포를 넣고 불을 끈 다음 약 3~5분 후에 면포를 받힌 체에 걸러 일번다시(一番出汁)를 뽑는다.

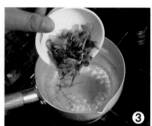
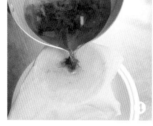

2_복어 껍질 / 복어살 준비

❶ 복어 껍질의 가시를 밀어서 삶아 말린 후 채 썬다.

❷ 복어를 3장 뜨기 후 살만 두쪽 준비한다.

3_복어 살 굽기

복어 살을 쇠꼬챙이를 꼽은 다음 꽃소금을 앞뒤로 듬뿍 묻혀서 직화로 색깔 나게 구워서 얼음물에 식혀 물기를 제거한다.

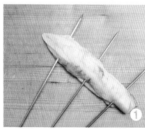

> 유용한 TIP

● 복어 살에 쇠꼬챙이를 끼운 후 꽃소금을 앞뒤로 듬뿍 묻혀야 타지 않고 간이 배어든다.

● 복어 살을 구운 후 바로 얼음물에 담가야 살의 겉면만 익힐 수 있다.

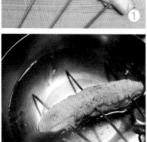

4_초간장과 양념 준비하기

초간장을 만들고, 실파는 채 썰어 씻어 물기를 제거하고, 무는 강판에 갈아서 씻어서 고운 고춧가루를 섞어서 빨간 무즙을 만든다.

5_완성하기

완성 그릇에 복어 타타키를 길이 7㎝, 폭 3㎝, 두께 0.2㎝로 잘라서 보기 좋게 돌려 담은 후 복어 껍질과 미나리, 레몬을 잘라놓고 빨간 무즙과 실파 채와 초간장을 곁들인다.

①	②	③	④	⑤
일번다시 뽑기	복어 껍질 / 복어살 준비	복어 살 굽기	초간장과 양념 준비하기	완성하기

복어 초밥

조리시간
30분

후구즈시
ふぐずし
河豚寿司
Fugu Sushi

14

요 / 구 / 사 / 항

※ 주어진 재료를 사용하여 다음과 같이 복어 초밥을 만드시오.

가. 복어는 식용부위와 비식용부위 분류 작업을 하고, 부위별로 명시하시오.

나. 복어요리의 초간장과 양념은 따로 담아내시오.

다. 복어는 맹독성이므로 소제작업 및 해독작업을 철저히 하시오.

지 / 급 / 재 / 료 / 목 / 록

복어살	100g	건다시마(5×10cm)	1장
초밥용 밥(뜨거운 밥)	200g	진간장	15㎖
고추냉이(와사비분)	15g	무	100g
식초	60㎖	고운 고춧가루	5g
흰설탕	30g	실파	10g
소금	15g	레몬	1/8개

중요레시피

● 초간장
일번다시 15㎖, 진간장 15㎖, 식초 15㎖

● 빨간 무즙
무즙 30g, 고운 고춧가루 2g, 실파 10g, 레몬 1/8개

● 초밥초
식초 45㎖, 설탕 30g, 소금 15g, 건다시마(5×10cm) 1장, 레몬 1/8개

용어해설

● 스[す : 酢] 식초
● 스시즈[すしず : 寿司酢] 초밥초
● 샤리[しゃリ] 초밥에 사용하는 밥

만드는 방법

1_ 초밥 준비하기

❶ 일번다시를 만든다.

❷ 초밥용 밥을 [쌀 1 : 물 1] 비율로 지은 밥에 초밥초를 만들어서 밥과 섞어서 초밥을 만든다.

> **유용한 TIP**
> ● 초생강을 만들 때는 생강의 껍질을 벗긴 후 얇게 썰어서 뜨거운 물에 데쳐 찬물에 씻은 후 생강초나 초밥초에 담가둔다.

2_ 복어 살 준비하기

손질한 복어살의 겉껍질과 속껍질을 벗긴 후에 싸둔다.

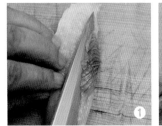

3_ 폰즈소스와 야쿠미 준비하기

폰즈소스를 준비한 후 실파는 채 썰어 씻어 물기를 제거하고, 무는 강판에 갈아서 씻어서 고운 고춧가루를 섞어서 빨간 무즙을 만든다.

4_와사비 준비하기

와사비를 찬물에 개고, 식초물
(물 7 : 식초 3)를 준비한다.

5_복어 초밥용 살 포뜨기

복어를 두께는 약 2mm 길이는
약 6cm로 포를 뜬다.

6_초밥 짓기

물을 약간만 손에 고루 바르고,
오른손으로 초밥용 밥을 쥐면서
왼손에는 복어 살을 동시에 쥐고
오른손 집게손가락에 고추냉이를
약간 바른 뒤 복어 살 중앙에 바
른 후 초밥용 밥을 고추냉이 위에
올려놓고 초밥용 밥을 손 돌리기
기술로 가볍게 쥔다.

> **유용한 TIP** ● 초밥은 배[후
> 네 : ふね:船]를 뒤집어 놓은 것처럼
> 만든다.
> ● 초밥의 3대 법칙 : 빠르고(はや
> い), 맛있고(おいしい), 이쁘게(き
> れい) 만드는 것

7_완성하기

완성 그릇에 초밥 5개를 보기 좋
게 놓고 초밥 위에 빨간 무즙과
실파 채를 고명으로 올린 후 초밥
간장을 곁들인다.

①	②	③	④	⑤	⑥	⑦
초밥 준비하기	복어 살 준비하기	야쿠미 준비하기	와사비 준비하기	복어 초밥용 살 포뜨기	초밥 짓기	완성하기

복어 지느러미 술

후구히레자케
ふぐひれざけ
河豚鰭酒
Fugu Hirezake

15

요 / 구 / 사 / 항

※ 주어진 재료를 사용하여 다음과 같이 복어 지느러미 술을 만드시오.

가. 복어는 식용부위와 비식용부위 분류 작업을 하고, 부위별로 명시하시오.

나. 복어요리의 초간장과 양념은 따로 담아내시오.

다. 복어는 맹독성이므로 소제 작업 및 해독 작업을 철저히 하시오.

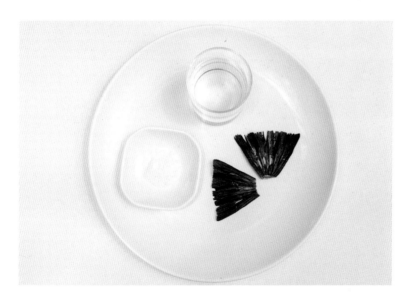

지 / 급 / 재 / 료 / 목 / 록

말린 복어 지느러미	2~3개
청주	250㎖
소금(정제염)	15g

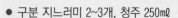

중요레시피

● 구분 지느러미 2~3개, 청주 250㎖

용어해설

● 히레자케[ひれざけ : 鰭酒] 구운 복어 지느러미를 넣은 뜨거운 사케

만드는 방법

1_복어 지느러미 전처리하기

복어 지느러미를 소금으로 문지른 후 소금기와 점액질을 깨끗이 씻어서 물기를 제거한다. 지느러미를 그릇 등에 놓고 서늘하고 바람이 드는 곳에서 말린다. 완전히 말린 지느러미는 떼어내어 습하지 않은 곳에 보관한다.

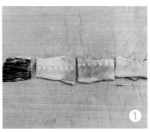

유용한 TIP

● 지느러미를 구멍이 넓은 채반에 펴거나 쇠꼬챙이에 꽂아, 건조되면서 달라붙지 않게 한다.

2_복어 지느러미 굽기

석쇠 위에 말린 지느러미를 올려 불 위에서 앞뒤 부분이 갈색이 나도록 청주를 뿌려가면서 굽는다.

유용한 TIP

● 지느러미가 타지 않게 샐러맨더나 석쇠 위에서 굽는다.

3_청주 데우기

청주를 중탕기나 주전자에 넣고
80~85℃로 데운다.

4_완성하기

복어 전용 잔에 데운 술을 붓고,
복어 지느러미를 2~3개 정도 넣
고 뚜껑을 닫는다. 뚜껑을 열고 지
느러미를 젓가락으로 저으면서 불
을 붙여서 알코올을 날려 준다. 마
시기 전에 지느러미를 건져 낸다.

복어 정소술

후구이리자케
ふぐいりざけ
河豚イリ酒
Fugu Irizake

16

요 / 구 / 사 / 항

※ 주어진 재료를 사용하여 다음과 같이 복어 정소술을 만드시오.

가. 복어는 식용부위와 비식용부위 분류 작업을 하고, 부위별로 명시하시오.

나. 복어요리의 초간장과 양념은 따로 담아내시오.

다. 복어는 맹독성이므로 소제 작업 및 해독 작업을 철저히 하시오.

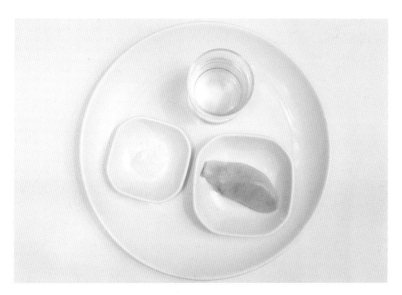

지 / 급 / 재 / 료 / 목 / 록

복어 정소	1개
청주	250㎖
소금(정제염)	15g

 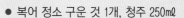
용어해설

● 후구이리자케 : 구운 복어 정소를 넣은 뜨거운 사케

만드는 방법

1_복어 정소를 전처리 과정

❶ 복어 정소를 소금으로 조심스럽게 문질러 씻는다.

❷ 복어 정소에 붙어 있는 핏줄 등을 칼이나 가위를 이용해서 제거한다.

❸ 찬물에 청주를 넣고 담가서 피를 빼준 후 건진 다음 흐르는 물에 씻어 물기를 제거한다.

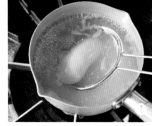

유용한 TIP

● 복어 이리를 사용하기 전에 소금으로 문질러 씻어서 뜨거운 물에 데쳐서 사용한다.

2_복어 정소 굽기

직화로 구울 때는 쇠꼬챙이에 끼워서 굽고, 샐러맨더는 석쇠 위에 쿠킹호일을 깔고 복어 정소를 올려 약한 불로 앞뒤 부분을 갈색이 나도록 골고루 굽는다.

유용한 TIP

● 복어 살이 타지 않도록 주의한다.

3_청주 데우기

청주를 중탕기나 주전자에 넣고
80~85℃로 데운다.

4_완성하기

복어 전용 술잔에 잘 구워진 복
어 정소를 거름 체에 넣고 내리
고, 잔에 데운 술을 붓고 뚜껑을
덮는다. 고객 앞에서 뚜껑을 열고
불을 붙여서 알코올을 날려 보내
고, 음용하기 편하도록 작은 거품
기나 요리용 젓가락으로 잘 섞어
준다.

---

① 복어 정소를
전처리 과정

② 복어 정소 굽기

③ 청주 데우기

④ 완성하기

복어 살술

후구미자케
ふぐみざけ
河豚身酒
Fugu Mizake

17

요 / 구 / 사 / 항

※ 주어진 재료를 사용하여 다음과 같이 복어 살술을 만드시오.

가. 복어는 식용부위와 비식용부위 분류 작업을 하고, 부위별로 명시하시오.

나. 복어요리의 초간장과 양념은 따로 담아내시오.

다. 복어는 맹독성이므로 소제 작업 및 해독 작업을 철저히 하시오.

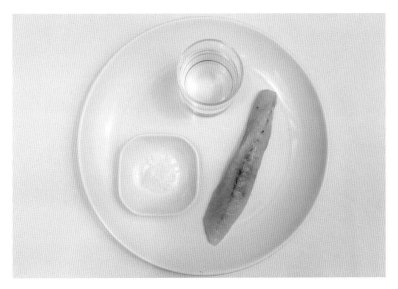

지 / 급 / 재 / 료 / 목 / 록

복어 살	50g
청주	250㎖
소금(정제염)	15g

중요레시피

● 복어 살 구운 것 50g, 청주 250㎖

용어해설

● 후구미자케 : 구운 복어 살을 넣은 뜨거운 사케

만드는 방법

1_복어 살 전처리 과정

❶ 몸통에서 분리한 복어 살은 3
장 뜨기 한다.

❷ 복어를 편 다음 막을 형성하
는 표피를 칼로 제거한다.

❸ 복어 살을 0.3mm 정도로 저
며 썬다.

유용한 TIP

● 복어 이리를 사용하기 전에 소금으로 문질러 씻어서 뜨거운 물에 데쳐서 사용한다.

2_복어 살 굽기

❶ 복어 살에 소금을 살짝 뿌려
밑간한다.

❷ 밑간한 복어 살을 씻어 물기를
제거한다.

❸ 석쇠에 알루미늄 호일을 깔고
복어살을 올린다.

❹ 약한 불에 서서히 앞뒤 부분
을 갈색이 나도록 청주를 발라 가
며 골고루 굽는다.

유용한 TIP

● 복어 살이 타지 않도록 주의한다.

3_청주 데우기

청주는 중탕기나 주전자에 넣고
80~85℃로 데운다.

4_완성하기

복어 전용술잔에 잘 구워진 구운
복어 살을 3~4개 정도 넣고 술을
붓고 뚜껑을 덮는다. 고객 앞에서
뚜껑을 열고 불을 붙여서 알코올
을 날려 보내고, 복어 살의 감칠
맛이 우러나면 살을 건져 내 완성
한다.

① 복어 살
전처리 과정
② 복어 살 굽기
③ 청주 데우기
④ 완성하기

부록

1 일식조리 식재료

1) 어패류

아:あ

- 아이나메 [あいなめ:鮎 :점병] 쥐노래미 Rock Trout, Greenling
- 아오야기 [あおやぎ:靑流:청류] 개량조개
- 아오야키 [あおやき: :청소] 비단조개 Trough Shell
- 아카가이 [あかがい:赤貝: 적패] 피조개 Arch Shell
- 아카미 [あかみ :赤身 :적신] 참치 등살 Red Tuna
- 아사리 [あさり:利:천리] 모시조개 Short- Necked Clam
- 아지 [あじ :소] 전갱이 Horse Mackerel, Saurel
- 아나고 [あなご:穴子:혈자] 붕장어 Sea eel, Conger Eel
- 아마에비 [あまえび:甘海老:감로해] 단새우 Sweet Ehrimp
- 아마다이 [あまだい:甘 :감조] 옥돔 Tile Fish
- 아부라나 [アブラナ:油彩:유채] 유채
- 아유 [あゆ:鮎:점] 은어 Sweet Fish
- 아와비 [あわび:鮑:포] 전복 Abalone
- 앙코우 [あんこう:鮟鱇:안강] 아귀 Anglerfish, Monkfish
- 이이타코 [いいたこ:飯 :반소] 낙지 Common octopus
- 이카 [いか:烏賊:오적]오징어 Cuttlefish, Cuttle, Squid
- 이가이 [いがい:胎貝:이패] 홍합 Mussel
- 이카나고 [いかなご:玉筋魚:옥근어] 까나리 Sand Lance
- 이쿠라 [イクラ] 연어알 Salmon Roe
- 이와시 [いわし:약/ :온] 정어리 Sardine
- 이사키 [いさき:伊佐木:이좌목] 벤자리 Grunter
- 이시가레이 [いしがれい:石 :석첩] 돌가자미 Stone Flounder
- 이시다이 [いしだい:石 :석조] 돌돔 Parrot Fish
- 이시나기 [いしなぎ:石投:석투] 돗돔 Striped Jewfish
- 이시모치 [いしもち:石首魚:석수어] 조기 Croaker, Yellow Corbina
- 이나 [いな :치] 모쟁이(숭어의 유어) Young Gray Mullet
- 이세에비 [いせえび:伊勢海老:이세해로] 바닷가재 Lobster
- 이보다이 [いぼだい: :우조] 샛돔 Harvest Fish, Psenopsis Anomala
- 이루카 [いるか:海豚:해돈] 돌고래 Dolphin
- 이와나 [いわな:岩魚:암어] 곤들매기 Char
- 에비 [えび:海老:해로] 새우 Shrimp
- 우구이 [うぐい:石斑魚:석반어] 황어 Dace
- 우나기 [うなぎ:鰻:만] 뱀장어, 민물장어 River Eel
- 우니 [うに:雲丹:운단] 성게알 Sea Urchin Roe
- 우츠보 [うつぼ: :선] 곰치
- 우치와에비 [うちわえび: 扇海老:단선해로] 부채새우
- 우루메이와시 [うるめいわし:潤目 :윤목액] 눈퉁멸 Big- Eye Sardine
- 에이 [えい: :분] 가오리 Ray
- 오이카와 [おいかわ:追河:추하] 피라미 Minnow, Dace
- 오오토로 [おおとろ:大トロ]참치뱃살 The Fattest Tuna
- 오코제 [おこぜ:虎漁:호어] 쑤기미 Devil Stinger
- 오마루 [オマール] 바닷가재, 집게가 큰 바닷가재로서 이세에비(いせえび)와는 구별됨, Lobster
- 와카아유 [わかあゆ:若鮎:약점] 어린 은어

카:か

- 카이소우 [かいそう:海草:해초] 해초 Seaweed
- 카이바시라 [かいばしら:貝柱:패주] 관자 Scallops
- 카키 [かき:牡蠣:모려] 굴 Oyster
- 카사고 [かさご:傘子:립자] 쏨뱅이, 수염어 Scorpion Fish
- 카자미 [がざみ: :추모] 꽃게 = 와타리카니(渡蟹)
- 카지카 [かじか:杜父魚:두부어] 독중개 Sculpin
- 카즈노코 [かずのこ:の子:수자] 청어알 Herring Roe
- 카타쿠치이와시 [かたくちいわし:片口 :편구약] 멸치 Anchovy
- 카츠오 [かつお: :견] 가다랑어 Oceanic Bonito, Skipjack
- 카나가시라 [かながしら:金頭:금두] 달강어 Gurnard
- 카니 [かに:蟹:해] 게 Crab
- 카마스 [かます:사/梭子:사자/梭魚:사어] 꼬치고기
- 카메 [かめ: :구] 거북 Turtle
- 카레이 [かれい: :첩] 가자미 Flat fish, Plaice, Turbot
- 카와우오 [かわうお:川魚:천어] 담수어 Freshwater Fishes
- 카와하기 [かわはぎ:皮剝:피박] 쥐치 Filefish
- 칸바치 [かんぱち:間八:간팔] 잿방어 Amberjack
- 키스 [きす: :희] 보리멸 Sillaginoid
- 키다이 [きだい: :황조] 황돔 Yellow Porgy, Yellowback Seabream
- 키하다 [きはだ:黃肌:황기] 황다랑어 Yellowfin Tuna
- 쿠지라 [くじら:鯨:경] 고래 Whale
- 쿠라게 [くらげ:海月:해월] 해파리 Jelly Fish
- 케가니 [けがに:毛蟹:모해] 털게 Hairy Crab
- 코이 [こい:鯉:리] 잉어 Crap
- 코노와타 [このわた:海鼠腸:해서장] 해삼 창자젓, 해삼의 창자를 소금 절임해서 숙성시켜 만든 젓갈, Salt Entrails Trepang
- 코하다 [こはだ:小肌:소기] 전어 Gizzard Shad

사:さ

- 사케 [さけ: :해] 연어 Salmon
- 사자에 [さざえ:榮螺:영라] 소라 Top Shell

- 사메 [さめ:교] 상어 Shark, Sea Lawyer
- 삿파 [さっぱ:魚制:어제] 밴댕이 Large-Eyed Herring
- 사요리 [さより:細魚:세어] 학꽁치 Half Beak
- 사바 [さば:鯖:청] 고등어 Mackerel
- 자리가니 [ざりがに:鮊:점] 민물가재 Crayfish
- 사와라 [さわら:춘] 삼치 Spanish Mackerel
- 삼마 [さんま:秋刀魚:추도어] 꽁치 Mackerel Pike
- 산마이니쿠 [さんまいにく:三枚肉:삼매육] = 바라니쿠(ばらにく), 삼겹살
- 시샤모 [ししゃも:柳葉漁:유엽어] 유엽어 Capelin
- 시지미 [しじみ:현] 재치조개 Cord Shell
- 시타비라메 [したびらめ:舌平目:설평목] 혀가자미 Sole
- 시바에비 [しばえび:芝鰕海老:지하해로] 중하 Shiba Shrimp
- 시마다이 [しまだい:縞調:호조] 돌돔 Parrot Fish
- 시라우오 [しらうお:白魚:백어] 뱅어 Whitebait, Ice Fish
- 샤코 [しゃこ:蝦:하점] 갯가재 Squilla, Mantis Crab
- 스케토다라 [すけとだら:介堂:개당설] 명태 Pollack
- 스즈키 [すずき:로] 농어 Sea Bass
- 스즈메다이 [すずめだい:雀調:작조] 자리돔 Coralfish, Damselfish
- 슷퐁 [すっぽん:鼈:별] 자라 Turtle
- 스루메이카 [するめいか:烏:오적] 물오징어 Common Squid
- 즈와이가니 [ずわいがに:蟹:해] 바다참게 Queen Crab
- 세미쿠지라 [せみくじら:背美鯨:배미경] 참고래 Right Whale
- 소이 [そい:曹以:조이] 볼락 Rockfish, Gopher
- 소우교 [そうぎょ:草漁:초어] 초어 Grass Carp
- 소우다가츠오 [そうだがつお:太:태견] 물치 다랑어 Bullet Tuna
- 소우하치 [そうはち:宗八:종팔] 가자미의 일종 Flat Fish

타:た

- 타이 [たい:조] 도미 Sea Bream
- 타이쇼에비 [たいしょうえび:大正海老:대정해로] 왕새우 King Prawn
- 타이라가이 [たいらがい:平貝:평패] 키조개 Scallop
- 타코 [たこ:] 문어 Octopus
- 타치우오 [たちうお:太刀魚:태도어] 갈치 Hairtail, Scabbard Fish
- 타니시 [たにし:田螺:전라] 민물우렁이 Vivipara
- 타라 [たら:설] 대구 Codfish
- 탄스이교 [たんすいぎょ:淡水魚:담수어] Freshwater Snail

치:ち

- 치다이 [ちだい:血:혈조] 붉돔 Crimson Sea Bream
- 치누 [ちぬ:黑:흑조] 감성돔 Black Porgy

- 죠자메 [ちょうざめ:蝶:접교] 용상어 Sturgeon
- 츠부 [つぶ:螺:나] 고둥, 소라고둥 Whelk
- 텟포우 [てっぽう:砲:철포] 복어의 별명 Blowfish, Fugu
- 토코부시 [とこぶし:常節:상절] 오분자기 Variously Coloured Abalone
- 토죠 [どじょう:泥:니추] 미꾸라지 Loach
- 토비코 [とびこ:飛魚子:비어자] 날치알 Flying Fish Roe
- 토비우오 [とびうお:飛魚:비어] 날치 Flying Fish
- 토라후쿠 [とらふぐ:虎河豚:호하돈] 범복 Tiger Puffer
- 토리가이 [とりがい:鳥貝:조패] 새조개 Cockle
- 토로 [トロ] 참치뱃살 Fatty Meat of Blue Fin Tuna

나:な

- 나마코 [なまこ:海鼠:해삼] 해삼 Sea Cucumber
- 나마즈 [なまず:] 메기 Common Catfish
- 나시 [なし螺:라] 고둥 Gastropods
- 니싱 [にしん:련] 청어 Herring
- 니베 [にべ:면] 민어 Croaker
- 니보시 [にぼし:煮干:자간] 말린 멸치 Dried Anchovy
- 넨부츠다이 [ねんぶつだい:念 :념불조] 도화돔 Brocade Perch

하:は

- 바쇼카지키 [バショウカジキ:芭蕉梶木:파초미목] 돛새치 Sailfish
- 바카가이 [ばかがい:馬鹿貝:마록패] 개량조개 Shellfish
- 하제 [はぜ:사] 문절망둑 Goby
- 하타 [はた:羽太:우태] 능성어, 다금바리 Grouper
- 하타하타 [はたはた:신] 도루묵
- 하마구리 [はまぐり:蛤:합] 대합 Clam
- 하마치 [はまち:飯:반] 방어의 중치 Hamachi
- 하모 [はも:례] 갯장어 Pike Conger
- 하야 [はや:외] 피라미 Dace
- 히우오 [ひうお:氷漁:빙어] 은어의 치어, 빙어 Smelt
- 히라마사 [はらまさ:平政:평정] 부시리 Amberjack
- 히라메 [ひらめ:平目:평목 / :평] 넙치(광어) Halibut
- 빈나가 [びんなが:長:빈장] 날개 다랑어 Albacore
- 후구 [ふぐ:河豚:하돈] 복어 Blowfish, Fugu
- 후나 [ふな:부] 붕어 Carp
- 부리 [ぶり:사] 방어 Yellow Tail
- 베니자케 [べにざけ:紅:홍해] 홍송어 White Spotted Charr
- 호우보우 [ほうぼう:방불] 성대 Red Gurnard
- 호시가레이 [ほしがれい:星:성접] 노랑가자미 Spotted Halibut

부록

- 호시자메 [ほしざめ:星鮫:성교] 별상어 Gummy Shark
- 호타테가이 [ほてがい:帆立貝:범립패] 가리비 Scallop
- 호타루이카 [ほたるいか:螢烏賊:형오적] ホタルイカ 불똥꼴뚜기 Firefly Squid
- 홋키가이 [ほっきがい:北寄貝:북기패] 함박조개 Hen Clam
- 홋케 [ほっけ:林延壽魚:임연수어] Atka Mackerel
- 호야 [ほや:海:해초] 멍게 Sea Squirt
- 보라 [:류] 숭어 Common mullet
- 혼다와라 [ほんだわら:神馬藻:신마조] 모자반 Gulfweed
- 혼마구로 [ほんまぐろ:本 :본유] 참다랑어 Tuna

마:ま

- 마아지 [まあじ:眞 :진소] 전갱이 Jack Mackerel
- 마아와시 [まあわし:眞 :진약] 정어리 Pilchard
- 마카지키 [まかじき:梶木:진미목] 청새치 Striped Marine
- 마구로 [まぐろ: :유] 참치, 다랑어 Tuna
- 마코가레이 [まこがれい: 子 :진자접] 문치가자미 Marbled Sole
- 마곤부 [まごんぶ:昆布:진곤포] 고급다시마
- 마사바 [まさば:鯖:진청] 고등어 Mackerel
- 마스 [ます: :준] 송어 Cherry Salmon
- 마다이 [まだい: :진조] 참돔 Sea Bream
- 마타코 [まだこ: :진소] 참문어 Common Octopus
- 마다라 [まだら: :진설] 대구 Cod
- 마츠카사우오 [まつかさうお:松魚:송구어](かさ)魚 송구어 Pinecone Octopus
- 마츠바카니 [まつばかに:松葉蟹:송엽해] 바다참게
- 마나가츠오 [まながつお:眞魚:진어견] 병어 Pomfret
- 마하타 [まはた:間羽太:진우태] 능성어
- 만보우 [まんぼう:車魚:번차어] 개복치 Sunfish
- 미루 [みる:海松:해송] 청각 Sea Staghorn
- 미루가이 [みるがい:海松貝:해송패] 떡조개 Hores Clam
- 무키미 [むきみ:身:박신] 조갯살
- 무시가레이 [むしがれい: :충접] 물가자미 Shotted Halibut
- 무츠 [むつ:睦:륙] 게르치 Bluefish
- 메이타가레이 [めいたがれい:目板:안판접] 도다리 Finespotted Flounder
- 메카지키 [めかじき:眼梶木:안미목] 황새치 Swordfish
- 메지나 [めじな:眼仁奈:안인내] 벵에돔 Opaleye
- 메누케 [めぬけ:眼 け:목발] 눈이 큰 붉돔 Red Snapper
- 메바치 [めばち:芽撥:안발] 눈다랑어 Bigeye Tuna
- 메바루 [めばる:眼張:목장] 우럭 Rockfish
- 멘타이 [めんたい:明太:명태] 명태 Pollack

야:や

- 야가라 [やがら:矢柄:시병] 홍대치 Corner Fish
- 야츠메우나기 [やつめうなぎ:八目鰻:팔목만] 칠성장어 Lamprey
- 야마메 [やまめ:山女:산녀] 담수에서 자란 송어
- 야리이카 [やりいか:槍烏賊:창오적] 한치, 오징어 Arrow Squid
- 유즈 [ゆず:柚子:유자] 유자

라ら

- 라이교 [らいぎょ:雷魚:뢰어] 가물치 Snakehead
- 렝코다이 [れんこだい:連子:련자조] 황돔 Yellowback Seabream

와

- 와카사키 [わかさき:公魚:공어] 빙어 Smelt
- 와타리가니 [わたりがに:渡蟹:도해] 꽃게 Swimming Crab

2) 채소류
아:あ

- 아오토가라시 [あおとうがらし:唐辛子:청단신자] 풋고추 Pepper green
- 아오피망 [あおぴまん:ピマン] 청피망 Pimento green
- 아오노리 [あおのり:青海苔:청해태] 파래
- 아카피망 [あかぴまん:赤ピマン] 홍피망 Pimento red
- 아사츠키 [あさつき: :천총] 실파, 잔파
- 아사노미 [あさのみ:麻のみ:마실] 대마의 씨, 삼씨 Hempseed
- 아스파라거스 [アスパラガス] 아스파라거스 Asparagus
- 아즈키 [あずき:小豆:소두] 팥 Red bean
- 아보카도 [アボカド] 아보카도 Avocado
- 아마카키 [あまかき:甘:감시] 단감 Persimmon sweet
- 아오지소 [あおじそ:紫蘇:청자소] 차조기, 시소(しそ)
- 이치지쿠 [いちじく:無花果:무화과] 무화과 Fig
- 이치고 [いちご: :매] 딸기 Strawberry
- 이와타케 [いわたけ:岩茸:암용] 석이버섯 Black - fungus
- 인겐마메 [いんげんまめ:元豆:은원두] 강낭콩 Kidney bean
- 우도 [うど:活:독활] 땅두릅 Udo
- 우메 [うめ:梅:매] 매실 Plum
- 우리 [うり:瓜:과] 호리병박 Cucurbit
- 우루치마이 [うるちまい:粳米:갱미] 갱미 Nonglutinous rice
- 에고마 [えごま:荏胡麻:임호마] 들깨 Green Perilla
- 에다마메 [えだまめ:枝豆:기두] 풋콩 Green Soybean
- 에노키다케 [えのきたけ:えのき:茸:가용] 팽이버섯 Straw Mushroom

- 에린기 [えりんぎ:平茸(평용)] 느타리버섯 Agaric
- 엔도우마메 [エンドウマメ:豌豆:완두] 완두콩 Peas
- 오크라 [オクラ] 오크라, 아욱과의 일년초 Okra
- 오우토 [おうと:桃:앵도] 버찌 Cherry
- 와사비 [わさび:山葵:산규] 고추냉이

카:か

- 카이와레 [かいわれ:貝割:패할] 무순 Radish Sprouts, Kaiware
- 카키 [かき::시] 감 Persimmon
- 카부 [かぶ:蕪:무] 순무 Turnip
- 카보차 [かぼちゃ:南瓜:남과] 호박 Pumpkin
- 카린 [かりん:花梨:화리] 모과 Chinese quince
- 칸표 [かんぴょう:干瓢:간표] 박고지 Dried Gourd Shavings
- 칸란 [かんらん:甘藍:감람] 양배추 Cabbage
- 캬베츠 [キャベツ] 양배추 Cabbage
- 키쿠라게 [きくらげ:木耳:목이] 목이버섯 Black Mushroom
- 키노코 [きのこ:茸:용] 버섯 Mushroom
- 키노메 [きのめ:木の芽:목아] 산초의 어린잎
- 키위 [キウィ] 키위 Kiwi
- 긴낭 [ぎんなん:銀杏:은행] 은행 Ginkgo Nut
- 킹캉 [きんかん:金柑:금감] 금귤 Kumquat
- 구리 [くり:栗:률] 밤 Chestnut
- 큐리 [きゅうり:胡瓜:호과] 오이 Cucumber
- 코라이닌징 [こうらいにじん:韓國人蔘:한국인삼] 한국인삼 Korea Ginseng
- 코메코우지 [こめこうじ:米:미국] 쌀의 누룩
- 코나스 [こなす:子茄子:자가자] 꼬마 가지 Eggplant Baby
- 고보 [ごぼう:牛蒡:우방] 우엉 Burdock
- 콘부 [こんぶ:昆布:곤포] 다시마 Sea Tangle
- 쿄호우 [きょほう:巨峰:거봉] 거봉 Giant Peak, Great Figure

사:さ

- 사이싱 [さいしん:菜心:채심] 유채 줄기
- 사쿠라 [さくら::앵] 벗나무 Cherry
- 사쿠람보 [さくらんぼ:桃:앵도] 벗나무 열매 Cherry Nut
- 자쿠로 [ざくろ:榴:석류] 석류 Pomegranate
- 사사 [ささ:笹:세] 대나무 잎 Bamboo Leaf
- 사츠마이모 [さつまいも:薩摩芋:살마우] 고구마 Sweet Potato
- 사토이모 [さといも:里芋:리우] 토란 Taro
- 사야인겐 [さやいんげん:差 元:협은원] 강낭콩 Kidney Bean
- 사야엔도우 [さやえんどう:莢豌豆:협완두] 청대콩 Green Bean

- 산쇼 [さんしょう:山椒:산초] 산초 Chinese Pepper
- 시이타케 [しいたけ:椎茸:추용] 표고버섯 Pyogo Mushroom
- 시소 [しそ:紫蘇:치소] 차조기 Beefsteak Plant
- 쟈가이모 [じゃがいも:馬鈴薯:마령서] 감자 Potato
- 슌기쿠 [しゅんぎく:春菊:춘국] 쑥갓 Crown Daisy
- 쇼가 [しょうが:生姜:생강] 생강 Ginger
- 스이카 [すいか:西瓜:서과] 수박 Watermelon
- 스다치 [すだち:酢橘:초귤] 영귤 Starch
- 세리 [せり:芹:근] 미나리 Korean Parsley
- 세로리 [セロリ] 샐러리 Celery
- 젠마이 [ぜんまい:薇:미] 고비 Royal Fern
- 소바 [そば:蕎:교맥] 메밀 Buck Wheat
- 소라마메 [そらまめ:豆:잠두] 잠두콩 Broad Beans

타:た

- 다이콩 [だいこん:大根:대근] 무 Radish
- 타이사이 [たいさい:菜:체채] 일본식 배추 Taisai
- 타이즈 [だいず:大豆:대두] 대두 Soy Bean
- 타이즈모야시 [だいずもやし:大豆萌:대두맹] 콩나물 Bean Sprouts
- 다이다이 [だいだい:代:등] 등자나무 Bitter Orange
- 타쿠안 [たくあん:庵:택암] 단무지 Yellow Radish Pickle
- 타케노코 [たけのこ:竹の子:죽자] 죽순 Bamboo Shoot
- 다시콘부 [だしこんぶ:出汁昆布:출즙곤포] 다시마용 다시마 Kelp
- 타마네기 [たまねぎ:玉:옥총] 양파 Onion
- 타라노키 [たらのき:木:송목] 두릅나무 Japanese Angelica Tree
- 타라노메 [たらのめ:芽:송아] 두릅나물 Edible Shoot
- 토사카노리 [とさかのり:冠海苔:계관해태] 닭 볏 모양 해초 Seaweed
- 치샤 [ちしゃ: :와거] 상추 Lettuce
- 쵸지 [ちょうじ:丁子:정자] 정향나무 Clove
- 츠바키 [つばき:椿:춘] 동백나무 Camellia
- 텐쿠사 [てんくさ:天草:천초] 우뭇가사리 Agar- Agar
- 토우가라시 [とうがらし:唐辛子:당신자] 고추 Pepper
- 토우모로코시 [とうもろこし:玉蜀黍:옥촉서] 옥수수 Corn
- 토마토 [トマト] 토마토 Tomato
- 돈구리 [どんぐり:栗:단률] 도토리 Acorn
- 토로로이모 [とろろいも:薯 藷:서여저] 마, 산마 Yam

나:な

- 나가이모 [ながいも:長薯:장서] 참마 Hemp
- 나시 [なし:梨:리] 배 Pear

- 나스 [なす:茄子:가지] 가지 Egg Plant
- 나츠메 [なつめ:棗:조] 대추 Jujube
- 나노하나 [なのはな:菜の花:채화] 유채꽃 Rape
- 나메코 [なめこ:滑子:활자] 나메코(식용버섯) Nameko
- 난킨마메 [なんきんまめ:南京豆:남경두] 낙화생(땅콩) Peanut
- 니라 [:구] 부추 Leek, Scallion
- 닌진 [にんじん:人参:인삼] 당근 Carrot
- 닌니쿠 [にんじん:大蒜:대산] 마늘 Garlic
- 네기 [ねぎ: :총] 파 Green onion
- 노비루 [のびる:野蒜:야산] 달래 Wild Chive

하:は

- 파이낫푸루 [パイナップル] 파인애플 Pineapple
- 학사이 [ハクサイ:白菜:백채] 하쿠사이 아님, 배추 Chinese Cabbage
- 하지카미 [はじかみ:薑:강] 생강(대) Ginger
- 하스 [はす:蓮:연] 연꽃 Lotus
- 파세리 [パセリ] 파슬리 Parsley
- 학카 [はっか:薄荷:박하] 박하 Mint
- 하토무기 [はとむぎ:鳩:구맥] 율무 Adlay
- 하나산쇼 [はなさんしょう:花山椒:화산초] 산초나무 꽃 Chinese Pepper Flower
- 후단소우 [ふだんそう:不斷草:불단초] 근대 Spinach Beet
- 부도우 [ぶどう:葡萄:포도] 포도 Grape
- 호우렌소우 [ほうれんそう: 草:파릉초] 시금치 Spinach

마:ま

- 마쿠와우리 [まくわうり:桑瓜:진상과] 참외 Korean Melon
- 마스쿠메롱 [マスクメロン] 머스크 메론 Musk Melon
- 맛슈루무 [マッシュルム] 양송이 Mushroom, Champignon
- 마츠타케 [まつたけ:松茸:송용] 송이버섯 Pine Mushroom
- 마츠노미 [まつのみ:松のみ] 잣 Pine Nuts
- 마메 [まめ豆:まめ] 콩 Beans
- 마메모야시 [まめもやし:豆萌:두맹] まめもやし 콩나물 Bean Sprout
- 미즈제리 [みずぜり:水芹:수근] 물미나리 Dropwort
- 미츠바 [みつば:三つ葉:삼엽] 파드득나물, 셋잎 Mitsuba
- 미칸 [みかん:蜜柑:밀감] 귤 Mandarin Orange
- 묘가 [みょうが:茗荷:명하] 양하 Japanese Ginger
- 메지소 [めじそ:芽紫蘇:아자소] 차조기순 Mejiso
- 메네기 [めねぎ:芽 :아총] 파의 싹 Menegi
- 모모 [もも桃:도] 복숭아 Peach

- 모야시 [もやし:萌:맹] 콩나물 Bean Sprouts
- 모로코시 [もろこし:唐黍:촉서] 수수 Millet

야:や

- 야시 [やし椰子:야자] 야자 Coconut, Palm
- 야마이모 [やまいも:山芋:산우] 산마 Yam
- 유즈 [ゆず:柚子:유자] 유자 Citron, Chinese Lemon
- 유스라우메 [ゆすらうめ:梅桃:매도] 앵두 Cherry
- 유리네 [ゆりね:百合ね:백합근] 백합근 Lily Root
- 요모기 [よもぎ:蓬:봉] 쑥 Mugwort, Wormwood

라:ら

- 락카세이 [らっかせい:落花生:낙화생] 땅콩 Peanut, Groundnut
- 료쿠즈 [りょくず:緑豆:녹두] 녹두 Mug Beans, Green Gram
- 링고 [りんご:林檎:임금] 사과 Apple
- 레타스 [レタス] 양상추 Lettuce
- 레몬 [レモン] 레몬 Lemon
- 렝콩 [れんこん:蓮根:연근] 연근 Lotus Root

와:わ

- 와카메 [わかめ:若布:약포] 미역 Brown seaweed
- 와케기 [わけぎ:分 :분총] 중파 Shallot
- 와사비 [わさび:山葵:산규] 고추냉이 Wasabi, Green Horse Radish
- 와라비 [わらび:蕨:궐] 고사리 Bracken

2. 일식조리 용어해설

あ

- 아에모노 [あえもの:和物:화물] 무침요리, 된장무침, 초무침, 깨무침, 겨자무침 등
- 아오아에 [あおあえ:和:청화] 갈아 으깬 푸른 콩을 청차로 무친 것
- 아오자카나 [あおざかな:魚:청어] 고등어, 정어리 등 푸른 생선
- 아오토우가라시 [あおとうがらし:靑唐辛子:청당신자] 풋고추
- 아오니 [あおに:靑煮:청] 푸른색 채소조림
- 아오미 [あおみ:味:청미] 푸른채소, 요리에 곁들이는 채소나 해초로 완두, 유채, 시금치 등
- 아오루 [あおる] 재료를 데치거나 삶는 일
- 아카오로시[あかおろし:赤:적사] = 빨간무즙 = 모미지오로시(紅葉下ろし), 무즙에 빨간 고춧가루를 섞은 것
- 아카다시 [あかだし:赤出汁:적출즙] 빨간 된장국
- 아카미소 [あかみそ:赤味:적미쟁] 빨간 된장
- 아카니 [あかに:赤煮:적자] 빨간 조림, 청주와 미림, 다마리 간장과 설탕으로 아주 진하게 익혀 조린 것
- 아카미 [あかみ:赤身:적신] ① 붉은색의 살코기 ② 참치의 등살
- 아카미소 [あかみそ:赤味:적미쟁] 적 된장
- 아가리 [あがり:上:상] ①하나의 요리를 완성하여 낸 것 ② 녹차를 따라 놓은 잔, 또는 녹차를 지칭
- 아키타부키 [あきたぶき:秋田:추전로] 머위의 일종
- 아쿠 [あく:灰汁:회즙] ① 재 또는 잿물 ② 식품을 삶을 때 나는 아린 맛이나 거품 등 불쾌치를 내는 모든 것
- 아쿠누키 [あくぬき:灰汁:회즙발] 조리할 때 불순물인 거품을 빼는 작업
- 아쿠지루 [あくじる:灰汁:회즙] 잿물
- 아게다시도우후 [あげだしどうふ:揚出豆腐:양출두부] 두부를 일정한 두께로 썰어 물기를 빼고 튀긴 두부요리
- 아게모노[あげもの:揚物:양물] 튀김요리
- 아사게 [あさげ:朝食:조식] 아침 식사 또는 조식
- 아사노미 [あさのみ:麻のみ:마실] 대마의 씨, 삼씨
- 아지 [あじ:味:미] 맛
- 아지츠케 [あじつけ:味付:미부] 조미
- 아시라이 [あしらい] 주재료에 곁들임 재료
- 아타리고마 [あたりごま:胡麻:당호마] 참깨를 곱게 갈아서 만든 액상으로 된 소스
- 아차라즈케 [あちゃらづけ:阿茶羅漬:아차나지] 무, 순무 연근 등을 얇게 저며 초, 술, 간장, 설탕 등을 섞은 김칫국물에 절인 식품으로 옛날에 이국인을 아차라인이라 불렀기 때문에 중국풍이나 페르시아풍으로 절인 것을 아차라즈케 함
- 아테지오 [あてじお: :당염] = 아테루(当てる), 재료에 소금을 뿌리는 것으로서 생선에 많이 뿌린다.

- 아부라 [あぶら:油:유] 기름
- 아부라아게 [あぶらあげ:油揚:유양] = 아부라게(あぶらげ), 유부
- 아부라키리 あぶらきり [油切:유절]=밧트, 재료를 튀겨낸 후 기름이 빠질 수 있게 해주는 조리기구
- 아부라나 [あぶらな:油菜:유채] 유채, 평지
- 아부라누키 [あぶらぬき:油:유발] 재료에 뜨거운 물에 데쳐 기름을 제거하는 일
- 아부라후 [あぶらふ:油:유부] 유부
- 아마이모노 [あまいもの:甘物:감물] ① 맛이 단 음식 ② 양갱이나 요깡
- 아마자케 [あまざけ:甘酒:감주] 단술, 감주
- 아마즈 [あまず:甘酢:감초] 단초
- 아마챠 [あまちゃ:甘茶:감차] 산수국 등의 잎을 말려 달인 차
- 아미야키 [あみやき:網:망소] 석쇠구이
- 아메 [あめ:飴:이] ① 물엿, 초청 ② 설탕이나 엿을 고아 만든 과자류
- 아유즈시 [あゆずし:鮎:점지] 은어 초밥
- 아라 [あら:粗:조] 생선을 손질하고 남은 머리, 아가미 살, 뼈 살
- 아라이 [あらい:洗:세] ①세척 ② 얼음물로 씻은 회
- 아라마키 [あらまき:新巻:신권] 얼간연어, 자반연어를 짚으로 싸서 만든 꾸러미로 싼 것
- 아라레 [あられ:霰:산] 쌀과의 일종으로 찹쌀을 이용하며, 아라레모치(あられもち)의 약어
- 아라레가유 [あられがゆ:霰粥:산죽] 어죽, 어육을 분쇄한 다음 체에 거른 후 다시를 넣어서 조미하여 만든 죽
- 아라레기리 [あられぎり:霰切:산절] 재료를 약 8mm 정도의 정육면체 주사위 모양으로 써는 것
- 아와 [あわ:粟:속] 조, 좁쌀
- 아와세즈 [あわせず:合酢:합초] 혼합초, 식초에 각종 재료를 넣어 섞어 만든 것(二杯酢, 三杯酢, 甘酢, 黃身酢)
- 아와세야키[あわせやき:粟漬:속지] 생선에 양념된 고기 등을 넣어 오븐에 구운 요리
- 아와다테키 [あわだてき:泡立器:포립기] 거품기
- 앙(あん)[:함] ① 녹말을 물에 풀어 사용한 것 ② 두류를 삶아서 설탕을 넣고 굳히면서 졸인 것
- 앙카케 [あんかけ:掛:함괘] 요리에 물에 푼 전분을 넣어서 걸죽한 상태
- 앙코우지루 [あんこうじる:鮟鱇汁:안강즙] 아귀로 만든 국물요리
- 안초비 [アンチョビー] 앤쵸비, 지중해 근해에서 잡은 멸치, 또는 그 멸치로 만든 염장제품
- 이케지메 [いけじめ:生締:생체/活締:활체] 살아 있는 생선의 선도를 유지하기 위해 머리를 찔러 피 빼는 일
- 이케즈쿠리 [いけづくり:生作:생작] = 이키즈쿠리(生き造り), 스가타즈쿠리(姿造り), 가츠츠쿠리(活造り) 살아 있는 생선을 그대로 내장만 제거하고 원형을 유지 하며 생선회를 만드는 법
- 이자카야 [いざかや:居酒屋:거주옥] 일본의 선술집, 우리나라의 포장마

차 정도의 의미
- 이사바 [いさば:五十集:오십집] 어시장
- 이시나베 [いしなべ:石鍋:석과] = 조센나베(朝鮮鍋) 내열성이 강한 돌로 만든 냄비, 맛과 보온성이 좋다.
- 이시야키 [いしやき:石:석소] 돌판을 이용한 구이
- 이타 [いた:板:판] 도마
- 이타마에 [いたまえ:板前:판전] 주방의 조리사, 조리장을 말한다, 관서지방에서는 싱(眞, しん)이라고 한다.
- 이타메모노 [いためもの:炒物:초물] 볶음요리, 적은 양의 기름을 사용한 볶음요리
- 이치반다시 [いちばんだし:一番出汁:일번출즙] 일번다시
- 이치미 [いちみ:一味:일미] 고춧가루
- 이치몬지[いちもんじ:一文字:일문자] 쇠 주걱, 철판구이 등에서 사용
- 이쵸이모 [いちょういも:銀杏薯:은행서] 은행마, 산마과의 덩굴성 다년초로서 산마의 일품종
- 이쵸기리 [いちょうぎり:銀杏切:은행절] 은행잎 모양으로 썰기
- 잇핀료리 [いっぴんりょうり:一品料理:일품요리] 일품요리
- 이토카키 [いとかき: :사소] 가츠오부시(鰹節)를 실처럼 가늘게 긁어 뽑아 놓은 가공식품
- 이토콘냐쿠 [いとこんにゃく: 蒻:사구약] 실곤약
- 이토즈쿠리 [いとづくり:作:사작] 생선회나 오징어 등을 가늘게 썬 것
- 이나리즈시 [いなりずし:荷:도하지] 유부초밥
- 이노시시니쿠 [いのししにく:猪肉:저육] 멧돼지고기
- 이리코 [いりこ:炒り子:초자] 건멸치
- 이리코 [いりこ:海:해삼] 건해삼
- 이리코 [いりこ:炒粉:초분] 미숫가루
- 이리타마고 [いりたまご:煎卵:전란] 볶은 달걀
- 이와시부시 [いわしぶし:節:약절] 정어리부시, 면 요리 등에 사용
- 인쇼쿠텡 [いんしょくてん:食店:음식점] 음식점, 식당
- 우오스키 [うおすき:魚鋤:어서] 생선 스키야키(すき焼き)
- 우사기니쿠 [うさぎにく:兎肉:토육] 토끼고기
- 우시니쿠 [うしにく:牛肉:우육] 쇠고기
- 우스이타 [うすいた:薄板:박판] 나무를 얇게 가공하여 만든 것 생선회 등을 보관하거나 장식할 때 사용함
- 우스쿠치죠유 [うすくちじょうゆ:薄口 油:박구장유] 연한 간장
- 우스즈쿠리 [うすづくり:薄作:박작] 흰 살 생선을 아주 얇게 썬 것 특히 복어, 광어 등에 많이 이용
- 우스바보쵸 [うすばぼうちょう:薄刃包丁:박도포정] 채소 칼, 채소 등을 자를 때 사용하는 칼
- 우즈라 [うずら: :순] 메추라기
- 우동 [うどん: :온돈] 우동
- 우니쿠라게 [うにくらげ:雲丹水母:운단수모] 해파리와 성게알젓으로 만든 무침요리
- 우네리구시 [うねりぐし:畝串:무관] 생선을 구울 때 살아있는 것처럼

꼬챙이를 끼워 넣는 방법
- 우노하나 [うのはな:卯の花:묘화] 콩비지 = 오카라(おから)
- 우노하나즈시 [うのはなずし:卯の花 :묘화지] 비지 초밥
- 우마니 [うまに:旨煮:지자] 여러 가지 재료를 넣고 간장과 설탕, 미림으로 단맛이 좀 강하게 조린 요리
- 우마미 [うまみ:旨味:지미] 맛있는 맛
- 우메 [うめ:梅:매] 매화
- 우메보시 [うめぼし:梅干し:매간] 매실지
- 우라고시 [うらごし:裏 :리록] 재료를 체에 내리는 일
- 우리 [うり:瓜:과] ① 호리병박 ② 참외, 오이, 수박 등 박과 식물에 속하는 열매의 총칭
- 우루치마이 [うるちまい:粳米:갱미] 멥쌀, 쌀밥에 이용되는 보통의 쌀을 말하며, 찹쌀과 대별되어 붙여진 이름
- 우로코 [うろこ:鱗:린] 비늘
- 에이세이 [えいせい:衛生:위생] 위생
- 에이요우 [えいよう:養:영양] 영양
- 에키벵 [えきべん:弁:역변] 역에서 파는 도시락, 주먹밥을 팔았던 것이 시초
- 에라 [えら:새] 아가미
- 엔가와 [えんがわ:側:연측] 광어의 지느러미살, 전복 옆 살
- 엔페라 [えんぺら] 오징어의 지느러미살
- 오이카와 [おいかわ:追河] 피라미
- 오우토우 [おうとう:桃:앵도] 버찌, 벚나무의 열매
- 오오사카즈시 [おおさかずし:大阪:대판지] 관서초밥, 오시즈시(押し鮨), 사바즈시(鯖鮨), 무시즈시(蒸し鮨) 등이 있음
- 오오무기 [おおむぎ:大:대맥] 대맥, 보리
- 오카즈 [おかず:御數:어수] 반찬, 부식물
- 오카칭 [おかちん:御哥賃:어가임] 떡, 시간이 지나면 떡이 딱딱해지기 때문에 그렇게 불린다.
- 오카라 [おから] = 우노하나(卯の花) 비지
- 오키츠다이 [おきつだい:興津:홍건조] 건옥돔, 옥돔의 염건품
- 오키나마스 [おきなます:沖:충회] 활어회로 배에서 바로 낚아 먹는 회를 말한다.
- 오키나와료리 [おきなわりょうり:沖 料:충승료리] 카고시마현과 대만 사이에 있는 오키나와의 향토요리
- 오구라 [おぐら:小倉:소창] 팥을 사용한 음식물 또는 과자
- 오코시 [おこし:興し:흥] 찹쌀을 이용해 만든 일본 과자의 일종
- 오코노미야키 [おこのみやき:御好み:어호소] 일본식 빈대떡
- 오시즈시 [おしずし:押:압지] = 하코즈시箱鮨), 기리즈시(切り鮨), 틀에 놓고 눌러 만든 초밥
- 오시타시 [おしたじ:御下地:어하지] 간장 = 쇼유(しょうゆ)
- 오세치료리 [おせちりょうり:御節料理:어절요리] 정월과 명절 등에 쓰이는 특별요리
- 오챠즈케 [おちゃづけ:御茶漬け:어다지] 차밥으로 조차, 천차, 유차 등

- 오뎅 [おでん:御田:어전] = 뎅카쿠 또는 니코미뎅가쿠(煮込み田楽)의 약어, 오뎅
- 오니기리 [おにぎり:御握り:어악] 주먹밥
- 오니스다레 [おにすだれ:鬼簾:귀렴] 굵은 삼각형의 나무로 만든 대발이다.
- 오히타시 [おひたし:御浸し:어침] = 히타시모노(浸し物), 물에 데친 채소 등을 간장으로 맛을 낸 요리
- 오히츠 [おひつ:御櫃:어괘] = 오하치(おはち), 나무로 만든 밥통을 말하고 원형, 사각형 등이 있음
- 오보로 [おぼろ:朧:롱] 새우나 대구살로 만든 김초밥의 재료로 쓰이는 가루 재료
- 오모유 [おもゆ:重湯:중탕] 미음
- 오야코돈부리 [おやこどんぶり:親子:친자정] = 닭고기 달걀덮밥
- 오야츠 [おやつ:御八:어팔] 간식, 옛날에 일본에서 오후 2시경 먹는 간식
- 오로시 [おろし::사/下:하] 무즙, 다이콩오로시(大根おろし)의 준말
- 오로시가네 [おろしがね:金:사금/下金:하금] 강판
- 오로시니 [おろしに:煮:사자] 무즙을 사용한 조림요리
- 오로스 [おろす:す:사/下す:하] ① 채소 등을 강판에 가는 것 ② 어류나 조류를 손질하는 것
- 온도타마고 [おんどたまご:度卵:온도란] 온센타마고(温泉卵), 온천란, 온천물 온도인 70℃에서 30분 정도

카: か

- 카이세키료리 [かいせきりょうり:石料理:회석요리] 다도(茶道)에서 차를 마시기 위해서 내는 간단한 요리
- 카이세키료리 [かいせきりょうり:席料理:회석요리] 본래는 정식 일본요리인 혼젠료리(本膳料理)를 간략한 요리였으나 현재에는 연회나 모임을 위한 고급 회석요리로 발전함
- 가이토우 [かいとう:解凍:해동] 해동
- 카이와리[かいわり:貝割:패할] ① 조개를 손질할 때 사용하는 도구 ② 자엽(子葉), 떡잎
- 카이와레[かいわれ:貝割れ:패할] = 카이와리(かいわり), 무순이라 하며 무의 씨앗에 싹을 낸 떡잎 채소
- 카오리[かおり:香:향] 향, 향기
- 카키아게 [かきあげ:揚げ:소양] 혼합 튀김, 잘게 썬 여러 가지 재료들을 섞어서 튀김옷을 입혀서 튀긴 것
- 카키나베[かきなべ:牡蠣鍋:모려과] 굴 냄비
- 카쿠자토[かくざと:角砂糖:각사당] 각설탕
- 카쿠즈쿠리[かくづくり:角作:각작/角造:각조] 깍뚝썰기, 사각 주사위 모양으로 썬 생선회
- 카쿠니[かくに:角煮:각자] 중국식 돈육 조리요리로 싯포쿠료리(卓袱料理)의 대표적인 요리 중의 하나, 돈육 삼겹살을 5cm 정도의 사각으로 잘라 단맛이 나도록 부드럽게 졸여서 먹는 요리
- 카케 [かけ:掛:괘] 가케우동, 가케소바의 준말, 우동이나 메밀국수에 국물만을 넣어 뜨겁게 끓인 요리
- 카고 [かご:籠:롱] 바구니, 대부분 대나무로 만들며 물을 뺄 때 사용하는 체나 튀김을 담는 그릇
- 카자리기리 [かざりぎり:飾切:식절] 장식 썰기, 꽃 모양 등으로 만드는 썰기의 일종
- 카시 [かし:菓子:과자] 과자, 옛날에 과자는 과일이었다.
- 카지츠슈 [かじつしゅ:果酒:과실주] 과일로 만든 술
- 카지츠스 [かじつす:果酢:과실초] 과일로 만든 식초
- 카시츠루이 [かじつるい:果類:과실류] 과일류
- 카쥬 [かじゅう:果汁:과즙] 과즙
- 카시루이 [かしるい:菓子類:과자류] 과자류
- 카타쿠리코 [かたくりこ:片栗粉:편률분] 전분
- 카츠오타타키 [かつおたたき:叩:견고] 가다랑어에 소금을 뿌려 불에 구어 낸 생선회
- 카츠오부시 [かつおぶし:節:견절] 가다랑어포
- 캇파 [かっぱ:河童:하동] 오이, 초밥진의 은어로서, 초밥집에서 오이를 지칭함
- 카츠라무키 [かつらむき:桂:계박] 돌려깍기
- 카나구시 [かなぐし:金串:금관] 쇠꼬챙이
- 카누바오 [がぬばお:干鮑:간포] = 호시아와비 (干し鮑)전복을 말린 것
- 카누베이 [がぬべい:干貝:간패] = 호시가이바시라(干し貝柱)라고 하며 말린 패주를 뜻한다,
- 카바야키 [かばやき:蒲:포소] 장어 테리야키(照り焼き)
- 카부토 [かぶと:兜:두] 생선의 머리가 투구와 같아 붙여진 어두를 일컫는 말
- 카마 [かま:釜:부] 솥
- 카마 [かま:釜] 볼때기 살
- 카마보코 [かまぼこ:蒲:포모] 어묵, 생선묵
- 카미카타료우리 [かみかたりょうり:上方料理:상방요리] 관서요리
- 카미지오 [かみじお:紙:지염] 생선의 수분을 제거하는 방법으로 종이에 소금을 뿌려 감싸는 방법
- 카미나베 [かみなべ:紙鍋:지과] 종이 냄비
- 카야쿠 [かやく:加:가약] 첨가재료, 요리에 부재료나 양념 등을 첨가하는 의미
- 카야쿠우동 [かやくうどん:加:가약온돈] 닭고기, 어묵, 버섯 등의 재료를 넣어 만든 우동
- 카야쿠메시 [かやくめし:加飯:가약반] = 고모쿠메시(五目飯) 각종 채소와 닭고기 등을 넣고 만든 밥
- 카유 [かゆ:粥:죽] 죽
- 카라아게 [からあげ:空揚:공양] 재료에 밀가루나 전분을 섞어 튀기는

부록

튀김요리의 일종

- 카라시아게 [からしあげ:芥子揚:개자양] 튀김옷에 겨자를 풀어 튀긴 요리, 돼지고기 요리 등에 사용
- 카라시즈 [からしず:芥子酢:개자초] 겨자초, 이배초나 삼배초에 겨자 갠 것을 풀어 넣은 식초
- 카라시즈케 [からしづけ:芥子漬:개자지] 겨자절임
- 카라스미 [からすみ:子:렵자] 어란, 숭어 난소를 염장시킨 것으로 3대 진미 중의 하나
- 카와시모 [かわしも:皮霜:피상] 생선의 껍질에 뜨거운 물을 부어 껍질만 살짝 데친 생선회
- 카와리아게 [かわりあげ:揚:변양] 튀김 방법 중 하나로 튀김옷에 변화를 특색 있는 모양이 나도록 튀김 조리법
- 칸키츠루이 [かんきつるい:柑橘類:감귤류] 감귤류
- 칸키리 [かんきり:缶切り:부절] 통조림을 따는 도구
- 칸소우 [かんそう:乾燥:건조] 건조
- 칸조우 [かんぞう:肝:간장] = 키모(肝), 동물의 간을 지칭
- 칸즈메 [かんづめ:缶詰:부힐] 통조림
- 칸텡 [かんてん:寒天:한천] 한천
- 칸부츠 [かんぶつ:乾物:건물] = 호시모노(干し物), 건조식품을 말함
- 칸미료 [かんみりょう:甘味料:감미료] 감미료
- 칸로니 [かんろに:甘露煮:감로자] 단맛이 강한 조림 요리로 미림, 설탕 간장을 넣어서 조린 요리
- 키쿠즈쿠리 [きくづくり:菊造:국조 / 菊作:국적] 국화꽃 모양으로 생선회를 만든 것
- 키츠네 [きつね:狐:호] ① 여우 ② 유부를 넣어서 조리한 요리
- 키미 [きみ:身:황신] 난황, 달걀 노른자
- 키무치 [キムチ] 김치
- 키모 [きも:肝:간] 간, 동물의 간을 말함
- 규동 [ぎゅうどん:牛:우정] = 니쿠돈(肉丼), 규메시(牛飯), 쇠고기덮밥을 말함
- 규우나베 [ぎゅうなべ:牛鍋:우과] = 스키야키 (すきやき), 쇠고기 냄비를 말함
- 쿄리키코 [きょうりきこ:力粉:강력분] 강력분
- 교자 [ギョーザ:餃子:교자] 중국요리의 교자, 만두
- 쿄카이루이 [ぎょかいるい:魚介類:어개류] 생선과 조개류, 어패류
- 교쿠 [ぎょく:玉:옥] 달걀의 초밥집 은어
- 교뎅 [ぎょでん:魚田:어전] 생선에 된장을 발라서 구운 요리
- 교니쿠 [ぎょにく:魚肉:어육] 생선살을 말함
- 키라즈 [きらず:雪花菜:설화채] = 오카라(オカラ), 조리용 비지를 말함
- 키루 [きる:切る:절] 자르다.
- 깅가미야키 [ぎんがみやき:銀紙:은지소] 은박지로 재료를 감싸 굽는 요리
- 킨시 [きんし:金:금사] 지단을 가늘게 썰어 비단실 같이 노랗게 장식하는 것
- 킨통 [きんとん:金:금단] 감자류를 달게 졸여 체에 걸러 천으로 감싸

밤 모양을 낸 것

- 킨피라고보우 [きんぴらごぼう:金平午蒡:금평우방] 우엉조림
- 쿠엔산 [くえんさん:枸 酸:구연산] 구연산
- 쿠코챠 [くこちゃ:枸杞茶:구기다] 구기자차
- 쿠사모치 [くさもち:草:초병] = 요모기모치(蓬餅), 쑥떡을 말함
- 쿠시아게 [くしあげ:串揚:관양] 꼬치튀김
- 쿠시야키 [くしやき:串:관소] 꼬치구이
- 쿠즈앙 [くずあん:葛:갈함] 물에 칡 전분을 갠 것
- 쿠다모노 [くだもの:果物:과물] = 미즈카시(水菓子) = 가지츠루이(果実類), 과일류
- 쿠치가와리 [くちがわり:口代:구대] 입가심용 술안주 요리로 입맛을 환기시키기 위해서 연회음식에 사용
- 쿠치토리 [くちとり:口取:구취] 입가심, 다른 음식의 맛을 느낄 수 있도록 입맛을 가셔내기 위한 맑은국 등
- 쿠리킨통 [くりきんとん:栗金:률금단] 고구마를 삶아 으깬 후 설탕 등으로 조미하여 밤 모양으로 만든 것
- 쿠리메시 [くりめし:栗飯:률반] 밤밥, 밤을 넣고 한 밥을 말함
- 구루텐 [グルテン] 글루텐, 밀가루를 반죽 시 생기는 점탄성 밀단백질
- 케시즈 [けしず:芥子酢:개자초] 겨자초, 겨자를 혼합초와 섞은 것
- 케시노미 [けしのみ:芥子の:개자실] 겨자의 씨.
- 케쇼지오 [けしょうじお:化粧:화장)] 화장 소금, 구이 할 때 지느러미가 타지 않게 지느러미에 소금을 묻히는 일
- 케쇼데리 [けしょうでり:化粧照:화장조] 화장 데리, 구이 할 때 생선 표면에 윤기가 나게 양념간장을 발라 주는 것
- 케즈리부시 [けずりぶし:削節:삭절] 가쓰오부시(鰹節)나 사바부시(鯖節) 등을 다시를 만들기 위해 얇게 깎은 것
- 게소 [げそ:不足:부족] 초밥집 용어로서 삶은 오징어 다리
- 겍케이쥬 [げっけいじゅ:月桂樹:월계수] 월계수, 향신료로 사용한다.
- 켕 [けん:] 무, 당근, 오이 등을 돌려 깎기 하여 가늘게 채를 썬 것
- 켄친 [けんちん::권섬] 채소를 가늘게 썰어 으깬 두부와 함께 요리에 이용하는 것
- 코쿠루이 [こくるい:穀類:곡류] 곡류
- 코이쿠치죠유 [こいくちじょうゆ:濃口 油:농구장유] = 약어로 고이쿠치(濃口), 진간장
- 코우차 [こうちゃ:紅茶:홍차] 홍차
- 코우노모노 [こうのもの:香の物:향물] 일본 김치류,
- 코우베우시 [こうべうし:神 牛:신호우] = 고베니쿠(神戸肉), 고베지방의 유명한 쇠고기
- 코우야도우후 [こうやどうふ:高野豆腐:고야두부] 얼린 두부, 두부를 얼린 후 말린 것인데 물에 불려서 사용한다.
- 코우라가에시 [こうらがえし:甲羅返:갑라반] 게 껍질을 초절임하여 각종 요리에 응용한 것
- 코오리 [こおり:氷:빙] 얼음
- 코케히키 [こけひき:鱗引:린인] 우로코비키(うろこびき)라고도 하며

생선의 비늘을 제거할 때 사용하는 도구
- 코코쿠 [ごこく:五穀:오곡] 다섯가지의 곡물, 쌀(こめ), 보리(むぎ), 조(あわ), 콩(まめ), 수수(きび)
- 코노코 [このこ:海鼠子:해서자] 해삼의 난소를 건조시킨 것
- 코바치 [こばち:小鉢:소발] ① 무침요리 등을 담는 작은 그릇 ② 일본 요리의 메뉴이름으로서, 초회나 무침 등의 요리
- 콘부지메 [こんぶじめ:昆布締:곤포체] 다시마 절임 생선회, 포뜨기한 생선에 소금을 뿌려 다시마로 말았다가 사용하는 생선회 요리
- 콘부다시 [こんぶだし:昆布出汁:곤포출즙) 다시마 국물
- 콘부마키 [こんぶまき:昆布:곤포권] 다시마로 말아서 조린 요리
- 고마아부라 [ごまあぶら:胡麻油:호마유) 참기름
- 고마이오로시 [ごまいおろし:五枚:오매사] 생선 등을 다섯 장으로 포를 뜨는 것
- 고마도우후 [ごまどうふ:胡麻豆腐:호마두부] 참깨 두부
- 코무기 [こむぎ:小:소맥] 밀 Wheat
- 고무베라 [ゴベラ:護謨:호모비] 고무 주걱
- 코메 [こめ:米:미] 쌀 Rice
- 코메미소 [こめみそ:米味:미미쟁] 쌀이 첨가된 된장
- 고모쿠즈시 [ごもくずし:五目:오목지] = 마제즈시(まぜずし)라고도 하며 비빔 초밥을 말한다
- 코모치 [こもち:子持:자지] ① 산란기에 알을 뱃속에 가지고 있는 생선 ② 생선이 알을 낳아 놓은 미역이나 다시마 ③ 알을 가진 생선의 모양을 세공하여 조리한 것 산란기의 생선
- 코나산쇼우 [こなさんしょう:粉山椒:분산초] 산초 가루
- 코나와사비 [こなわさび:粉山葵:분산규] 가루 와사비
- 코로모 [ころも:衣:의] 튀김옷
- 코로모아게 [ころもあげ:衣揚:의양] 튀김옷인 다양한 고로모를 사용하여 만든 튀김 요리
- 콘다테 [こんだて:立:현립] 메뉴
- 콘부즈시 [こんぶずし:昆布:곤포지] 다시마 초밥

さ

- 사이쿄우즈케 [さいきょうづけ:西京漬:서경지] 된장절임
- 사이쿄우미소 [さいきょうみそ:西京味:서경미쟁] 서경된장, 사이쿄 지방에 쌀을 주원료로 하여 만든 흰 된장
- 사이쿄우야키 [さいきょうやき:西京:서경소] 된장구이, 양념한 된장에 생선을 절였다가 구운 요리
- 사이쿠카마보코 [さいくかまほこ:細工蒲:세공포] 세공어묵, 어묵을 잘라 모양을 만든 것
- 사이쿠즈시 [さいくずし:細工:세공지] 세공초밥, 갖가지의 재료를 이용하여 모양과 색, 장식해 만든 초밥
- 사이쿠타마고 [さいくたまご:細工卵:세공란] 세공달걀, 삶은 달걀이나

메추리알로 모양을 내는 것
- 사이쿠즈쿠리 [さいくづくり:細工造:세공조] 세공회, 생선회를 썰어 꽃, 잎사귀 등으로 모양을 내는 것
- 사이세이슈 [さいせいしゅ:再製酒:재제주] 혼성주, 발효주나 증류주에 색소나 향료 등을 넣어 제조한 술
- 사이노메기리 [さいのめぎり:賽の目切:새목절] 재료를 1cm 정도의 정육면체 주사위 모양으로 써는 것
- 사이바시 [さいばし:菜箸:채저] 조리한 음식을 그릇에 담을 때 사용하는 젓가락
- 사카지오 [さかじお:酒:주염] 조미술, 술에 향과 소금을 섞은 조미용 술
- 사카나 [さかな:肴:효] 술을 마실 때 첨가해서 먹는 조리된 것
- 사카나 [さかな:魚:어]=우오(魚) 생선, 어류의 총칭
- 사카무시 [さかむし:酒蒸:증자] 술 찜, 청주를 이용한 찜 요리
- 사쿠라즈케 [さくらづけ:漬:앵지] 벚꽃을 소금에 절인 것
- 사쿠라나베 [さくらなべ:鍋:앵과] 말고기를 이용한 냄비 요리로 된장을 풀어 넣기도 한다.
- 사쿠라니 [さくらに:煮:앵자] 문어나 낙지를 바짝 조려서 벚꽃색이 나도록 졸인 음식
- 사쿠라무시 [さくらむし:蒸:앵증] 벚꽃을 이용한 찜 요리
- 사쿠라메시 [さくらめし:飯:앵반] 간장과 술을 넣어 지은 쌀밥
- 사쿠라모치 [さくらもち:앵병] 밀가루 반죽에 팥을 넣고 벚나무 잎으로 싸서 찐 음식
- 사케 [さけ:酒:주] ① 술의 총칭 ② 청주, 니혼슈(日本酒)라고도 함
- 사케카스 [さけかす:酒粕:주박/酒糟:주조] 술지게미, 술을 만들고 남은 주박으로 나라즈케의 원료로 사용
- 사케즈시 [さけずし: ;해지] 연어 초밥
- 사케챠즈케 [さけちゃづけ:珪茶漬:규차지] 연어차밥
- 자코 [ざこ:魚:잡어] 잡어, 종류를 분류하기 어려운 작은 물고기의 총칭
- 사사 [ささ:笹:세] ① 대나무잎 ② 음식을 싸서 대나무 잎의 향을 음식에 담아낸 것
- 사자에츠보야키 [さざえつほやき:螺:영라호소] 소라껍질구이
- 사사가키 [ささがき:笹:세소] = 사사가키기리(笹掻切り), 우엉 등을 대나무 잎 모양으로 깎는 것
- 사사카마보코 [ささかまほこ:笹蒲:세포모] 조릿대 잎 모양으로 구운 어묵
- 사사마키즈시 [ささまきずし:笹巻:세권지] 대나무 잎 초밥
- 사사라 [ささら:] 조리용 대나무술
- 사지 [さじ:匙:시] 숟가락
- 사시미 [さしみ:刺身:자신] = 오쓰쿠리(お作り,造り) 생선회
- 사시미가유 [さしみがゆ:刺身粥:자신죽] 회죽, 죽 속에 흰 살 생선회와 간장을 넣어 만든 죽
- 사시미쇼유 [さしみしょうゆ:刺身 油:자신장유] 사시미 간장
- 사시미보쵸 [さしみぼうちょう:刺身 丁:자신포정] 생선회칼

- 사바쿠 [さばく :捌く :팔] 오로스(卸す), 닭고기 등의 손질 시 뼈에서 살을 발라내는 작업
- 사바즈시 [さばずし :鯖 :청지] 고등어 초밥
- 사바부시 [さばぶし :鯖節 :청절] 고등어포
- 사토우 [さとう :砂糖 :사당] 설탕
- 사비 [さび] 고추냉이, 와사비(わさび) 사비는 초밥집의 은어
- 사라 [さら :皿 :혈] 접시
- 시라가네기 [しらがねぎ :白髪 :백발총] 대파의 흰 부분을 흰머리 굵기로 채 썬 것
- 사라시네기 [さらしねぎ : :쇄총] 썰어둔 파를 매운 기를 없애기 위해 물이나 얼음물에 씻어낸 것
- 시라스보시 [しらすぼし :白子干し :백자간] 마른 멸치
- 자루 [ざる : :조] 대소쿠리
- 산쇼야키 [さんしょやき :山椒 :산초소] 산초구이, 생선이나 수조육류의 데리야키에 산초가루를 뿌려낸 것
- 산친미 [さんちんみ :三珍味 :삼진미] 일본요리의 삼대 진미, 나가사키(長崎)의 카라스미(からすみ), 에치고(越後)의 우니(うに)미가와(三河)의 코노와다(このわた)
- 산바이즈 [さんばいず :三杯酢 :삼배초] 삼배초
- 산마이오로시 [さんまいおろし :三枚 :삼매사] 세장뜨기
- 시이자카나 [しいざかな :肴 :강효] 술안주 요리
- 시오카라 [しおから :辛 :염신] 젓 또는 젓갈
- 시오콘부 [しおこんぶ :昆布 :염곤포] 다시마 가공품의 일종으로 조미액에 담가서 건조시킨 것
- 시오자케 [しおざけ : :염해] 염장한 연어
- 시오사바 [しおさば :鯖 :영정] 자반고등어, 고등어의 염장 또는 염건품
- 시오지메 [しおじめ :締 :염체] 소금 절임, 생선에 소금을 뿌려서 삼투압에 의해 살이 단단해지는 것
- 시오즈케 [しおずけ :漬 :염지] 소금 절임, 염지
- 시오보시 [しおぼし :干 :염간] 염건, 어패류를 소금에 절여서 건조 후 염건품을 만든 것
- 시오야키 [しおやき : :염소] 소금구이
- 지가미기리 [じがみぎり :地紙切 :지지절] 채소를 부채 모양 써는 것
- 시코미 [しこみ :仕 :사입] 주방에서 조리를 하기 위해 행하는 모든 전처리 및 준비 작업을 하는 것
- 시쇼쿠 [ししょく :試食 :시식] 시식, 요리의 품질 및 이상 유무의 확인을 위해서 미리 맛을 보는 것
- 시타아지 [したあじ :下味 :하치] 밑간, 조리 전 생재료에 향신료나 양념에 미리 담가 두는 것
- 시치미토우가라시 [しちみとうがらし :七味唐辛子 :칠미당신자] 7가지 재료, 고춧가루에 겨자씨, 유채씨, 삼씨, 시소, 열매, 파래 등의 일곱 가지 재료를 섞어서 만든 것 용도는 닭꼬치나 가케우동 등
- 싯포쿠료리 [しっぽくりょうり :卓 料理 :탁복요리] 일본화된 중국식 요리
- 시부미 [しぶみ :味 :삽미] 떫은맛

- 시메사바 [しめさば :締鯖 :체청] 포를 뜬 생고등어를 소금에 절였다가 식초에 담가 초밥 등에 사용하는 요리
- 시모후리 [しもふり :霜降 :상강] ① 재료를 뜨거운 물에 재빨리 데쳐 냉수에 담가 씻어 내는 것 ② 육류의 육질 속의 지방 분포도 또는 마블링 (marbling)
- 시모후리니쿠 [しもふりにく :霜降肉 :상강육] 마블링이 좋은 고기를 말함, 일본의 마츠사카니쿠(松阪肉)가 유명함
- 쟈카고렌콩 [じゃかごれんこん :蛇籠蓮根 :사롱연근] 연근을 돌려깎기 한 것
- 샤쿠시 [しゃくし :杓子 :표자] 주걱
- 쟈노메 [じゃのめ :蛇の目 :사목] 오이의 씨를 빼는 도구로서 신누키 한 다음, 코구치기리 한 것
- 샤부샤부 [しゃぶしゃぶ] 샤브샤브
- 샤리 [しゃり :利 :사리] 초밥의 초밥집 은어
- 쥬바코 [じゅうばこ :重箱 :중상] 찬합, 음식을 넣고 들고 다닐 수 있도록 만든 용기
- 슈토우 [しゅとう :酒 :주도] 다랑어 젓갈, 다랑어의 내장을 소금에 절여서 만든 시오카라 (しおから)
- 슌 [しゅん :旬 :순] 제철, 생선, 채소, 과일류의 가장 맛있는 시기
- 쇼가츠료리 [しょうがつりょうり :正月料理 :정월요리] = 오세치료리(おせちりょうり) 정월요리
- 죠고 [じょうご :漏斗 :루두] = 로우토(漏斗), 깔때기
- 쇼진료리 [しょうじんりょうり :精進料理 :정진요리] 정진요리, 일본의 채식 위주의 사찰요리
- 쇼쿠지 [しょくじ :食事 :식사] 식사
- 쇼쿠지료호우 [しょくじりょうほう :食事療法 :식사요법] 식이요법
- 쇼쿠타쿠 [しょくたく :食卓 :식탁] 식탁, 식사하기 위한 밥상
- 쇼쿠츄도쿠 [しょくちゅうどく :食中毒 :식중독] 식중독
- 쇼쿠니쿠 [しょくにく :食肉 :식육] 식육
- 쇼쿠힝에이세이 [しょくひんえいせい :食品衛生 :식품위생] 식품위생
- 쇼쿠베니 [しょくべに :食紅 :식홍] 식홍, 적색의 식용색소
- 시라아에 [しらあえ :白和 :백화] 두부를 체에 걸러 으깬 후 무치는 채소 무침요리, 주로 청색 채소를 이용
- 시라카유 [しらかゆ :白粥 :백죽] 흰죽, 쌀에 물만 부어서 쑨 죽
- 시라코 [しらこ :白子 :백자] = 물고기의 이리, 생선의 정소
- 시라타키 [しらたき :白 :백롱] 실곤약
- 시라야키 [しらやき :白 :백소] = 시로야키 (しろやき), 생선을 구울 때 아무것도 조미하지 않은 구이
- 시루 [しる :汁 :즙] 국 또는 국물요리
- 시루코 [しるこ :汁粉 :즙분) 단팥죽
- 시루모노 [しるもの :汁物 :즙물] 국물요리류
- 시로미 [しろみ :白身 :백신] ① 흰살생선 ② 난백(卵白)
- 시로미소 [しろみそ :白味 :백미쟁] 백 된장, 흰콩과 쌀로 쑨 메주로 담근 간장을 말함
- 징기스칸나베 [ジンギスカンなべ) [成吉思汗鍋 :성길사한과] 철 투구와 같

은 모양의 냄비
- 싱코 [しんこ:新粉:신분] 쌀가루
- 신누키 [しんぬき:新 き:심발] 과일이나 오이 등 채소의 심을 빼내는 도구
- 스 [す:酢:초] 식초
- 스아에 [すあえ:酢和:초화] 초무침, 재료에 식초 또는 혼합초를 넣어서 새콤달콤하게 무쳐낸 요리
- 스아게 [すあげ:素揚げ:소양] 막 튀김, 재료에 튀김옷을 묻히거나 입히지 않고 그대로 튀기는 것
- 스아라이 [すあらい:素洗い:소세] 식초로 씻는 것 재료를 식초 등에 담가서 이취(異臭)를 제거하는 것
- 스이아지 [すいあじ:吸い味:흡미] 맑은국과 정도로 약하게 간을 한 국물
- 스이쿠치 [すいくち:吸口:흡구] 맑은국에 향을 내는 재료로 산초잎, 유자, 생강, 파, 차조기 등을 말함
- 스이지 [すいじ:吸地:흡지] = 스이다시(すいだし), 싱겁게 간을 한 맑은국을 말함
- 스이통 [すいとん:水 :수단] 일본식 수제비
- 스이항키 [すいはんき:炊飯器:취반기] 밥을 짓는 도구
- 스이분 [すいぶん:水分:수분] 수분
- 스이모노 [すいもの:吸物:흡물] = 스마시지루(すましじる) = 오스마시(おすまし) 맑은국
- 스에히로기리 [すえひろぎり:末 切:말광절] 채소를 부채꼴 모양으로 자르는 것
- 스가키 [すがき:酢牡蠣:초모려] 굴 초회
- 스가타 [すがた:姿:자] 모습, 모양, 형태, 조류나 어패류 등을 살아있는 모양 그대로 조리한 것
- 스가타즈시 [すがたずし:姿:자지] 내장을 제거한 생선에 소금과 초로 절인 속에 초밥을 뱃속에 넣은 초밥
- 스가타모리 [すがたもり:姿盛:자성] = 원형 그대로의 모습으로 조리하여 담아내는 것 생선회 구이, 튀김요리 등
- 스가타야키 [すがたやき:姿 :자소] 생선을 구울 때 꼬치를 꽂아 구워 마치 생선이 헤엄치는 모습이나 살아 움직이는 듯 원형대로 익혀서 담아내는 것
- 스키야키 [すきやき:鋤 :서소] = 우시나베(うしなべ), 전골냄비
- 스키야키나베 [すきやきなべ:鋤 鍋:서소과] 전골냄비
- 스케 [すけ:助:조] 대리 조리사, 주방일이 바쁠 때 도와주는 보조
- 스시 [すし: :지/ 司:수사/ :자] 초밥, 생선초밥
- 스시오케 [すしおけ:桶:지통] 초밥 용기, 초밥 요리를 담아내는 전용 용기로서 칠기 그릇
- 스시기리보쵸 [すしぎりほうちょう:切包丁:지절포정] 초밥을 자를 때 쓰는 칼
- 스지코 [すじこ:筋子:근자] 연어, 숭어 알을 난소막으로 싸서 말린 건조 염건품

- 스시즈 [すしず:酢:지초] 초밥초, 초밥용 밥에 기본적으로 식초 설탕, 소금으로 맛을 낸다
- 스시다네 [すしだね:種:지종] = 다네(たね) = 네타(ねた), 초밥에 사용되는 생선이나 채소 등의 주재료
- 스시메시 [すしめし:飯:지반] 샤리(しゃり), 초밥용의 밥
- 스시야 [すしや:屋:지옥] 초밥집, 초밥식당, 초밥 전문점
- 스시와쿠 [すしわく: :지화] = 초밥틀, 눌림초밥(おしずし), 상자초밥(はこずし)을 만들 때 사용하는 눌림틀
- 스즈메즈시 [すずめずし:雀 :작지] 숭어 새끼, 작은 도미의 배속에 소금, 식초로 조리해 밥을 넣어 참새 모양 초밥
- 스즈메야키 [すずめやき:雀 :작소] ① 참새구이 ② 붕어 등에 꼬챙이를 꼽아서 소스를 바르며 굽는 구이요리
- 스다레 [すだれ:簾:렴] = 마키스(まきす), 김발, 김밥을 말 때 사용하는 대나무 발
- 스즈케 [すずけ:酢漬け:초지] 초절임, 재료를 식초 또는 혼합 초에 담가 맛을 낸 요리
- 숫폰지루 [すっぽんじる:鼈汁:별즙] 자라국, 자라 맑은국
- 숫폰나베 [すっぽんなべ:鼈鍋:별과] 자라 냄비
- 숫폰니 [すっぽんに:鼈煮:별자] 자라 조림, 자라를 볶아서 간장과 청주를 넣어 졸인 조림요리
- 스도리쇼가 [すどりしょうが:素取生薑:초취생강] 생강 초절임, 생강의 뿌리나 줄기를 단초 등에 절인 것
- 스나기모 [すなぎも:砂肝:사간] 닭 모래집
- 스니 [すに:素煮:초자] = 초절임(스타키;すたき)이라고도 하며 식초를 넣고 조린 초절임 요리
- 스네 [すね:脛:경] 다리, 정강이, 사골
- 스노모노 [すのもの:酢の物:초물] 초회
- 스부타 [すぶた:酢豚:초돈] 중국식 돈육요리
- 스보시 [すぼし:素干:소간] 김이나 생선 등을 소금 간을 하지 않고 그대로 말린 식품
- 스마시코 [すましこ:澄し粉:징분, 징즙] 맑은국(스이모노:すいもの)
- 스미 [すみ:炭:탄] 숯
- 스리코기 [すりこぎ:粉木:뢰분목] 일본식 절구봉(すりぼう)
- 스리바치 [すりばち:鉢:뢰발] 일본식 절구, 재료를 갈아 으깰 때 사용하는 절구
- 스리미 [すりみ:身切신] 으깬 어육, 생선묵 등의 재료
- 스루메 [するめ:] 말린 오징어
- 세아부라 [せあぶら:背脂:비계] 돈육비계, 돼지표면의 지방
- 세이슈 [せいしゅ:酒:청주] 일본술, 정종(にほんしゅ,わしゅ)쌀과 누룩으로 빚은 일본의 전통 술
- 세이죠야사이 [せいじょうやさい: 野菜:청정야채] 청정채소
- 세이쇼쿠 [せいしょく:生食:생식] 생식, 날로 먹는 것
- 세이로 [せいろ:蒸籠:증롱] 나무 찜통

- 세고시 [せごし:背越:배월] 작은 생선을 손질하여 뼈가 있는 통째로 잘게 썰어낸 생선회 요리, 생선에 따라서 얼음물이나 식초에 씻어서 사용
- 세비라키 [せびらき:背開:배개] 생선의 등 쪽부터 칼을 넣어 갈라 뱃살을 자르지 않고 펼쳐 놓는 손질 법
- 제라친 [ゼラチン] 젤라틴, 동물성 단백질로 만든 것
- 세와타 [せわた:背腸:배장] 새우 등 쪽의 내장
- 젠 [ぜん:膳:선] 밥상, 식탁
- 센이소 [せんいそ:維素:섬유소] 섬유소
- 센기리 [せんぎり:千切:천절] 채썰기
- 젠사이 [ぜんさい:前菜:전채] 전채(Appetizer), 서양요리의 영향을 받아서 생긴 것
- 센차 [せんちゃ:煎茶:전다] 녹차, 어린 찻잎을 따서 열풍 건조 시킨 것으로 뜨거운 물에 우려 사용함
- 센베이 [せんべい:煎:전병] 밀가루나 쌀가루로 만든 마른안주나 마른 과자류
- 센봉아게 [せんぼんあげ:千本揚げ:천봉양] 재료에 난백을 묻혀 소바나 소면을 1cm 길이로 튀김옷하여 튀긴 것
- 센마이 [せんまい:千枚:천매] 소의 세 번째 위
- 센마이 [せんまい:洗米:세미] 세미, 물로 쌀을 세척하는 것
- 센마이키 [せんまいき:洗米機:세미기] 세미기, 쌀을 씻는 기계
- 센롯퐁 [せんろっぽん:千六本:천육본] 성냥개비 정도의 채썰기
- 소우자이 [そうざい:菜:총채] 부식, 식사의 반찬
- 조우스이 [ぞうすい:炊:잡취] 죽, 밥을 한번 물에 씻어 여러 가지 재료를 넣고 끓인 요리
- 조우니 [ぞうに:煮:잡자] 일본식 떡국, 정월에 만든 떡으로 만든 국
- 소우멘 [そうめん:素:소멘] 소면, 실국수, 가락국수, 밀가루로 만든 가느다란 건면의 일종
- 조우모츠 [ぞうもつ:物:장물] 식용 가능한 수조육류의 내장
- 소에모노 [そえもの:添物:첨물] 곁들임 재료(あしらい)
- 소에구시 [そえぐし:添串:첨관] 보조 꼬치, 꼬치구이를 할 때 모양의 안정을 위해서 사용되는 보조 꼬챙이를 말함
- 소기기리 [そぎぎり:削き切:삭절] 생선회 등을 칼의 우측면을 이용해서 비스듬한 각도를 주어 자르는 방법
- 소쿠세이모노 [そくせいもの:促成物:촉성물] 비닐하우스나 온실에서 재배한 과실이나 채소류
- 소사이 [そさい:蔬菜:소채] 채소 = 야사이
- 소데기리 [そでぎり:袖切:수절] 이로가미기리(いろがみぎり)한 것을 약간 사선으로 자른 것
- 소토비키 [そとびき:外引:외인] 양손을 바깥방향으로 당기면서 껍질을 벗겨 내는 것
- 소바 [そば:蕎麥:교맥] 메밀, 메밀국수
- 소바가키 [そばがき:蕎:교맥소] 일본식 메밀수제비
- 소바키리 [そばきり:蕎切:교맥절] 메밀국수의 옛날 명칭

- 소바즈시 [そばずし:蕎:교맥지] 메밀초밥, 메밀로 만든 김초밥
- 소바다시 [そばだし:蕎 出汁:교맥출즙] 메밀국물(そばつゆ), 메밀국수를 담가 먹는 국물 소스
- 소바무시 [そばむし:蕎蒸し:교맥증] 메밀 찜(しんしゅうむし)
- 소바유 [そばゆ:蕎湯:교맥탕] 메밀국수를 삶아 낸 국물
- 소보로 [そぼろ] 오보로(おぼろ)라 하며, 닭고기, 새우, 생선살 등을 삶아서 말리며 간을 하여 부숴 놓은 것
- 소메오로시 [そめおろし:染:염사] 무즙에 간장과 부순 김 등으로 색과 맛을 낸 것으로 생선구이에 곁들임

타:た

- 타이카부라 [たいかぶら:蕪:조무] 쿄토의 향토요리로서 도미 머리와 순무를 간장으로 조린 요리
- 다이콩오로시 [だいこんおろし:大根:대근사] 무즙
- 다이콩나마스 [だいこんなます:大根膾:대근회] 무나 당근을 채 썰어 소금에 절였다가 혼합 초에 절인 것
- 다이즈코 [だいずこ:大豆粉:대두분] 콩가루
- 다이즈고항 [だいずごはん:大豆御飯:대두어반] 콩밥
- 다이즈유 [だいずゆ:大豆油:대두유] 콩기름을 말함, 콩을 압착 추출해 원유를 정제한 것
- 다이다이 [だいだい:橙:등 / 代代:대대] 등자(나무), 향상성 녹색 감류로서 요리나 혼합 초를 만들 때 사용
- 타이챠즈케 [たいちゃづけ:茶漬:조다지] 도미차밥
- 타이치리 [たいちり:ちり] 도미냄비, 도미지리
- 다이도코로 [だいどころ:台所:태소] 부엌
- 다이묘오로시 [だいみょうおろし:大名:대명사] 고등어나 삼치, 학꽁치 등을 머리에서 꼬리 쪽으로 단번에 오로시하는 것
- 타이메시 [たいめし:飯:조반] 도미를 이용한 밥
- 타이멘 [たいめん:素:조면] 타이소우멘(鯛そうめん)의 약어, 삶은 소면에 도미조림을 얹어낸 요리
- 타이야키 [たいやき:조소] 밀가루에 팥을 넣어 구운 도미 모양의 과자
- 타카나즈케 [たかなづけ:高菜漬:고채지] 갓 절임
- 타카라무시 [たからむし:蒸し:보증] 호박 속을 파내어 그 속에 재료를 넣고 찐 요리
- 타키아와세 [たきあわせ:炊合せ:취합] 따로 익힌 생선과 채소를 한 그릇에 담은 음식
- 타키가와도우후 [たきがわどうふ:瀧川豆腐:롱천두부] 두부를 굳힌 요리, 두부를 한천으로 응고시킨 여름 별미요리
- 타쿠안즈케 [たくあんづけ:庵漬け:택암지] 단무지, 에도시대의 승려 다쿠안(蟒庵)이 무의 저장을 위해 개발한 무절임
- 타케야키 [たけやき:竹:죽소] 대나무구이, 대나무에 어패류와 채소를 넣어 소금 간 후 오븐에 구운 요리

- 타코비키 [たこびき: 引:소인] 타코비키보쵸(たこびきぼうちょう)의 준말, 관동형의 생선회용 칼
- 타코야키 [たこやき: 소소] 낙지구이, 낙지풀빵구이
- 다시[だし:出汁:출즙] 다시, 국물
- 다시카케 [だしかけ:出汁掛:출즙괘] 조미한 국물을 음식 위에 끼얹어 내는 요리
- 다시마키 [だしまき:出汁:출즙권] 달걀말이
- 다시와리 [だしわり:出汁割:출즙할] 다시로 간장 등에 넣어 희석시키는 것
- 타타키 [たたき:叩:고] ① 칼등이나 손으로 두들겨 다긴 것 ② 생선의 타타키 요리
- 타타키아게 [たたきあげ:叩揚:고양] 닭고기 등을 칼로 다져서 동그랗게 튀겨낸 요리
- 타타키나마스 [たたきなます:叩膾:고회] 생선회 조리법 중의 하나, 전갱이 등을 다져 된장이나 파를 섞어 먹는 것
- 타츠쿠리 [たつくり:田作:전작] 말린 잔멸치 또는 이것을 간장과 설탕, 술 등으로 졸인 것
- 타츠타 [たつた: 田:룡전] 간장이나 새우 등의 재료로 음식에 단풍색이 나도록 졸인 것
- 타즈나즈시 [たづなずし:手綱:수강지] 김발 위에 랩을 깐 다음 그 위에 생선 등의 초밥 재료를 2~3가지 올려 놓은 다음, 초밥을 길게 올려 말아낸 초밥 요리
- 타즈나누키 [たづなぬき:手綱 き:수강발] 나선 모양의 채소를 팔 때 쓰는 도구
- 타테이타 [たていた:立板:입판] 부주방장 또는 주임급 역할의 조리사를 말함
- 다테가와 [だてがわ:伊達皮:이달피] 스리미(すりみ)에 달걀을 섞어서 두껍게 구운 것
- 타테구시 [たてぐし:縱串:종관] 생선을 머리에서 꼬리까지 일자가 되게 꽂은 것
- 타테지오 [たてじお:立:입염] 염분농도로 만든 소금물로서 생선을 씻거나 채소를 절이는 데에 사용
- 타테바료리 [たてばりょうり:立場料理:입장요리] 길거리 요리
- 타테마키[たてまき:伊達:이달권] 두껍게 부친 달걀요리로서 오세치요리(正月料理)에 사용되는 달걀말이
- 타테마키즈시 [だてまきずし:伊達 :이달권지] 다테가와(だてがわ)에 초밥을 얹고 김초밥의 속 재료를 넣어 김발로 말아낸 것
- 타네 [たね:種:종] 주재료, 네타(ねた)라고도 하며 요리를 위해 준비해 준 재료
- 타마고 [たまご:卵:란] = 케이란(けいらん), 알의 총칭으로서 주로 달걀을 뜻함
- 타마고자케 [たまござけ:卵酒:란주] 달걀술, 달걀과 설탕을 넣고 만든 술
- 타마고죠유 [たまごじょうゆ:卵 油:란장유] 달걀 간장
- 타마고지루 [たまごじる:卵汁:란즙] 달걀 물

- 타마고도후 [たまごどうふ:玉子豆腐:옥자두부] 달걀 두부
- 타마고토지 [たまごとじ:卵綴じ:란철] 음식 위에 달걀을 다시에 풀어 엉기게 하여 얹어낸 요리
- 타마고돔부리 [たまごどんぶり:玉子 :옥자정] 달걀덮밥, 타마고토지(たまごとじ)를 만들어 밥에 얹어 담아낸 요리
- 타마고마키 [たまごまき:卵 :란권] = 다시마키(だしまき), 달걀말이
- 타마고마키나베 [たまごまきなべ:卵 鍋:란권과] 달걀말이 판, 철이나 알루미늄으로 만든 달걀말이 전용 팬
- 타마고유데키 [たまごゆでき:卵茹器:란여기] 달걀을 삶는 전기기구
- 타마자케 [たまざけ:玉酒:옥주] 술과 물을 반씩 섞은 것으로 손질된 생선을 씻는데 사용
- 타마지 [たまじ:玉地:옥지] = 타마고지루(たまごじる, 달걀 물
- 타라코 [たらこ: 子:설자] = 모미지코(もみじこ), 대구 알 또는 명란젓
- 타라코부 [たらこぶ:昆布:설곤포] 대구 맑은국
- 타라치리 [たらちり:ちり:설] 대구 지리, 대구 냄비
- 타루 [たる:樽:준] 나무통, 술, 간장 따위를 넣어두는 크고 둥글며 뚜껑이 있는 것
- 타레 [たれ:垂:수] 타레, 테리야키 소스
- 당고 [だんご: 子:단자] 경단, 단자
- 탄자쿠기리 [たんざくぎり:短冊切り:단책절] 채소를 폭 1cm, 길이 4~5cm 정도로 자른 것
- 탄스이카부츠 [たんすいかぶつ:炭水化勿物:탄수화물] 탄수화물
- 탄스이교 [たんすいぎょ:淡水魚:담수어] 카와자카나(かわざかな) 민물고기
- 탄파쿠시츠 [たんぱくしつ:蛋白質:단백질] 단백질
- 치아이 [ちあい:血合:혈합] = 치아이니쿠(ちあいにく) 가다랑어, 방어 따위의 생선 살의 검은 부분
- 치카라우동 [ちからうどん:力 :력온돈] 떡을 올려놓은 카케우동
- 치쿠젠니 [ちくぜんに:筑前煮:축전자] = 가메니(がめに), 닭고기 채소 조림
- 치쿠와 [ちくわ:竹輪:죽륜] 원통형의 어묵
- 치누키 [ちぬき:血 き:혈발] 재료에서 피를 빼내는 일
- 치마키즈시 [ちまきずし:綜:종지] 초절임한 생선을 얇게 저며서 초밥을 만든 것을 대나무 잎으로 싼 것
- 챠 [ちゃ:茶:차] 차, 찻잎을 열풍 건조시킨 것
- 챠카이세키 [ちゃかいせき:茶 石:차회석] = 카이세키료리(懷石料理), 차회석요리, 차를 마시기 전에 먹는 간단한 요리
- 챠가시 [ちゃがし:茶菓子:다과자] 차 마실 때 같이 먹는 과자
- 챠가유 [ちゃがゆ:茶粥:다죽] 차로 끓인 죽
- 챠킨즈시 [ちゃきんずし:茶巾:다건지] 삼베행주 초밥, 얇은 지단이나 생선 등으로 동그랗게 말아서 싸낸 초밥
- 챠코시 [ちゃこし:茶 :다록] 차를 거를 때 쓰는 동그란 망의 도구
- 챠센기리 [ちゃせんぎり:茶 切:다선절] 채소를 빗살무늬 모양으로 잔 칼

집을 넣어서 차 주전자 모양낸 것
- 챠센나스 [ちゃせんなす:茶 茄子:차선가지] 챠센기리(ちゃせんぎり) 한 가지를 말함
- 챠소바 [ちゃそば:茶蕎:차교맥] 건조시킨 찻잎 가루를 섞어 만든 메밀 국수
- 챠즈케 [ちゃづけ:茶漬:다지] 오챠즈케(をちゃづけ)
- 챠부다이 [ちゃぶだい:卓 台:탁복태] = 한다이(はんだい), 다리가 낮은 밥상
- 챠메시 [ちゃめし:茶飯:다반] 달인 찻물로 소금과 술로 간을 하여 지은 밥
- 챠완 [ちゃわん:茶碗:다완] 밥, 국, 차 등을 담는 자기 그릇
- 챠완무시 [ちゃわんむし:茶碗蒸:다완증] 달걀찜
- 챵코나베 [ちゃんこ鍋] 씨름꾼들이 만들어 먹는 냄비요리
- 챤퐁 [ちゃんぽん] 짬뽕, 나카사키의 향토요리
- 츄카료리 [ちゅうかりょうり:中華料理:중화요리] = 츄우고쿠료리(ちゅうごくょうり), 중화요리
- 츄쇼쿠 [ちゅうしょく:食:주식] 점심
- 츄리키코 [ちゅうりきこ:中力紛:중력분] 중력분, 제과 등에 적합
- 쵸쇼쿠 [ちょうしょく:朝食:조식] 조식, 조반, 아침식사
- 쵸센즈케 [ちょうせんづけ:朝鮮漬:조선지] = キムチ, 한국 김치
- 쵸센야키 [ちょうせんやき:朝鮮:조선소] 불고기, 일본에서 가장 널리 알려진 한국요리 중에 하나
- 쵸센료리 [ちょうせんりょうり:朝鮮料理:조선요리] 한국요리
- 쵸미 [ちょうみ:調味:조미] = 아지츠케 (あじづけ), 조미, 음식의 맛과 향을 조절하는 것
- 쵸미죠유 [ちょうみじょうゆ:調味 油:조미장유] 조미 간장, 고추냉이, 겨자나 다시 등을 넣어 조미한 것
- 쵸미즈 [ちょうみず:調味酢:조미초] 조미 식초, 식초에 간장, 술, 설탕, 소금 등의 재료를 넣어서 만든 홉합 초, 아마즈 [あまず], 고마즈 (ごまず), 니하니(にはいず), 삼바이즈 (さんばいず) 등
- 쵸리 [ちょうり:調理:조리] 조리
- 쵸리시 [ちょうりし:調理師:조리사] 조리사
- 쵸리시호우 [ちょうりしほう:調理師法:조리사법] 조리사법, 1958년 일본의 조리사에 관한 사항을 구체적으로 명시하여 국민 식생활의 향상을 목적으로 제정한 법률
- 쵸리바 [ちょうりば:調理場:조리장] 조리장
- 쵸리바케 [ちょうりばけ:調理刷毛:조리쇄모] 조리용 붓
- 치라시아게 [ちらしあげ:散し 揚:산양] 튀김을 할 때 꽃이 피도록 튀김옷을 뿌리며 튀겨내는 일
- 치라시즈시 [ちらしずし:散らし:산지] 일본식 회덮밥
- 치리스 [ちりす:ちり酢] 폰즈(ポンス) ① 등자를 짜서 만든 즙 ② 브랜디 또는 럼주에 과즙이나 설탕을 넣은 음료수
- 치리나베 [ちりなべ:ちり鍋] 지리냄비
- 치리무시 [ちりむし:ちり蒸し] 지리찜, 지리처럼 쪄낸 찜 요리
- 치리멘쟈코 [ちりめんざこ:縮緬 魚:축면잡어] = 지리멘(ちりめん), 마른

잔 멸치로 만든 건조품을 말함
- 친피 [ちんぴ:陳皮:진피] 귤껍질, 밀감의 껍질을 건조시킨 가루 양념
- 친미 [ちんみ:珍味:진미] 진미, 간단한 술안주
- 츠키다시 [つきだし:突出:돌출] 식사 전에 나오는 간단한 안주 요리
- 츠키미 [つきみ:月見:월견] 달걀 노른자를 달처럼 보이도록 음식 위에 담아 올린 요리
- 츠키미토로로 [つきみとろろ:月見薯:월견서여] 산마즙에 난황(달걀 노른자)을 얹어낸 것
- 츠쿠다니 [つくだに:佃煮:전자] 어류나 해조류, 채조 등을 간장, 미림, 설탕 등으로 달게 졸인 요리를 말함
- 츠쿠네 [つくね:捏:날] 간 어육이나 닭고기에 달걀, 녹말을 섞어 경단처럼 둥글게 하여 기름에 튀긴 것
- 츠쿠리 [つくり:作:작 / 造り:조] 생선회
- 즈케 [づけ:漬け:지] 참치초밥, 초밥집의 은어로서 간장에 절였기 때문에 붙여진 이름
- 츠케아게 [つけあげ:付揚:부양] = 사츠마아게(さつまあげ: 어육을 갈아서 만든 어묵튀김
- 츠케죠유 [つけじょうゆ:付 油:부장유] 요리에 곁들이는 간장
- 츠케모노 [つけもの:漬物:지물] 채소절임
- 츠케야키 [つけやき:付 :부소] = 테리야키(てりやき), 테리를 발라가면서 구운 요리를 말함
- 츠츠기리 [つつぎり:筒切:통절] 썰기 방법 중 하나로 생선을 뼈와 함께 통째로 써는 방법
- 츠츠미아게 [つつみあげ:包揚げ:포양] 은박지 등에 재료를 싸서 튀기는 튀김요리
- 츠츠미야키 [つつみやき:包 :포소] 향미를 살리고 타지 않도록 은박지 등에 재료를 싸서 굽는 구이요리
- 츠나기 [つなぎ: :계] 재료에 점성을 높이기 위해서 달걀이나 산마즙, 밀가루, 전분 등을 넣는 것
- 츠부우니 [つぶうに:螺雲丹:라운단] 성게의 생식소로 만든 젓갈을 말함
- 츠보 [つぼ:坪:평] 단지, 항아리, 혼젠료리에 사용하는 식기로 주로 조림요리를 담음
- 츠보누키 [つぼぬき: き:호발] 생선에 표면에 칼집을 내지 않고 내장과 뼈를 칼로 빼 제거하는 것
- 츠보야키 [つぼやき: :호소] ① 소라를 잘게 썰어 양념한 다음, 껍질에 넣어 구운 것(츠보이리:つぼいり) ② 고구마를 항아리에 넣어 구움 또는 구운 고구마(츠보야이모:つぼやまいも)
- 츠마 [つま:妻:처] 채소나 해초 등을 생선회 등에 곁들이는 것
- 츠마미 [つまみ:摘:적] = 오츠마미(おつまみ), 츠마미모노(つまみもの), 간단한 안주 요리
- 츠유 [つゆ:汁:즙] 맑은 장국 또는 국물
- 츠루시기리 [つるしぎり:吊し切:적절] 아귀 등을 매달아 놓고 손질하는 것
- 테이쇼쿠 [ていしょく:定食:정식] 정식요리

- 테우치 [てうち:手打:수타] 수타, 면을 손으로 직접 쳐서 국수 등을 만드는 것
- 테즈 [てず:手酢:수초] 손식초, 초밥을 만들 때 손에 밥알이 묻지 않도록 묻히는 식초를 넣은 물
- 텟카돈부리 [てっかどんぶり:火:철화정] 초밥에 참치의 붉은 살을 얹은 덮밥 요리
- 텟카마키 [てっかまき:火 ;철화권] 참치 김초밥
- 텟사 [てっさ:刺:철자] 복어회, 복어의 별명인 철포(鉄砲)의 사시미(さしみ)란 뜻의 약어
- 텟센 [てっせん:扇:철선] 요리에 부채모양의 꼬치를 꿰거나, 부채모양으로 자른 요리의 명칭을 말함
- 텟치리 [てっちり] 복지리, 복어 냄비
- 텟판야키 [てっぱんやき:板 :철판소] 철판구이
- 텟포 [てっぽう:砲:철포] 복어의 별명
- 텟포마키 [てっぽうまき:砲 :철포권] = 칸표마키(かんぴょうまき), 박고지 조림을 넣은 호소마키(ほそまき)
- 텟포야키 [てっぽうやき:砲 :철포소] 고추 된장을 발라서 구운 요리
- 데바보쵸우 [てばぼうちょう:出刃包丁:출인포정] 생선 손질용 칼
- 데비라키 [てびらき:手開:수개] 작은 생선의 내장을 손을 이용하여 제거하는 것
- 데미즈 [てみず:手水:수수] 밥이나 떡 등을 만질 때 끈적거림을 없애기 위해 손에 묻히는 물
- 테리니 [てりに:照煮:조자] 재료에 테리 같이 윤기가 있도록 조린 요리
- 테리야키 [てりやき:照 :조소] 데리를 발라가면서 구운 요리
- 덴가쿠 [でんがく:田 :전락] 덴가쿠도우후의약어(でんがくとうふ), 두부된장구이, 두부산적
- 덴가쿠미소 [でんがくみそ:田 味:전락미쟁] 일본식 맛된장, 된장, 미림, 설탕을 으깨고 채에 걸러서 살짝 끓인 것
- 텐카스 [てんかす:天滓:천재] = 아게다마(あげたま), 튀김 부스러기
- 텐구사 [てんくさ:天草:천초] 우뭇가사리,
- 텐스이 [てんすい:天吸:천흡] 텐누키(てんぬき), 튀김우동이나 메밀국수를 먹고 난 국물
- 텐츠유 [てんつゆ:天汁:천즙] = 텐다시(てんだし), 튀김을 찍어 먹는 튀김 간장
- 텐동 [てんどん:天 :천정] 튀김 덮밥
- 텐피 [てんび:天火:천화] 오븐
- 텐푸라 [てんぷら:天婦羅:천부라] 튀김, 박력분에 난황과 냉수로 반죽한 튀김옷을 입혀 튀김 일본의 대표적인 튀김요리
- 텐푼 [でんぷん:澱粉:전분] 전분, 감자, 고구마, 옥수수, 쌀 밀가루 등의 전분을 말함
- 텐포야키[てんぼうやき:傳法燒:전법소] 가늘게 썬 파를 깔고 생선살을 토기에 넣어 익힌 요리
- 텐모리 [てんもり:天盛:천성] 요리를 돋보이게 하기 위해서 요리 위에 색과 의미가 있는 재료를 얹는 것
- 토이시[といし:砥石:지석] 숫돌
- 토우키 [とうき:陶器:도기] 도자기
- 토우자니 [とうざに:座煮:당좌자] 채소 등을 술과 간장으로 짜게 졸여 낸 것
- 토우뉴 [とうにゅう:豆乳:두유] 두유
- 토우후 [とうふ:豆腐:두부] 두부
- 토묘우지아게 [どうみょうじあげ:道明寺揚げ:도명사양] 찹쌀을 쪄서 말린 것을 재료에 묻혀 튀긴 요리
- 토코로텡 [ところてん:心太:심태] 우무, 우뭇가사리의 한천질을 추출한 것을 응고시켜 만든 식품
- 토시코시소바 [としこしそば:年越蕎:년월교맥] 해 넘기기 메밀국수
- 톡쿠리 [とっくり:利:리리] 청주를 뜨겁게 담아 먹는 작은 술병
- 도테나베 [どてなべ:土手鍋:토수과] 패류와 채소를 넣어 된장으로 맛을 낸 냄비 요리
- 도나베 [どなべ:土鍋:토과] 질그릇냄비, 흙으로 구워 만든 냄비
- 도빙 [どびん:土 :토병] 질 주전자, 조리 용기로서 송이버섯의 주전자 찜 요리에 사용
- 도빙무시 [どびんむし:土 蒸し:토병종] 질주전자 찜
- 도부로쿠 [どぶろく:濁酒:독주] 막걸리, 청주의 제조공정에서 거르지 않은 탁한 술
- 토메왕 [とめわん:止椀:지완] 회석요리(會席料理)의 마지막에 나오는 국물 요리로 된장국 등
- 토리니쿠 [とりにく:肉:계육] 닭고기
- 토리메시 [とりめし:飯:계반] 닭고기 밥, 닭 육수에 간장이나 소금으로 간을 하고, 닭고기 넣어 지은 밥
- 토로 [トロ] 참치의 뱃살, 오오토로(おおとろ), 주토로(ちゅうとろ), 세토로(せとろ) 등
- 토로로 [とろろ:薯:서여] 산마를 강판에 간 산마즙
- 토로로콘부 [とろろこんぶ:薯 昆布:서여곤포] 다시마를 가늘게 썰어서 만든 다시마 가공식품
- 토로로지루 [とろろじる:薯 汁:서여즙] 산마즙을 넣은 장국
- 토로로소바 [とろろそば:薯 蕎:서여교맥] 산마즙 메밀국수, 소바 다시에 산마즙을 넣어 먹는 메밀국수
- 토지루 [とんじる:豚汁:돈즙] = 부타지루(ぶたじる), 돈육국물
- 토소쿠 [とんそく:豚足:족족] 돼지족발
- 토치리 [とんちり:豚ちり] 돈육지리 냄비
- 돈부리 [どんぶり: :정] = ① 덮밥요리 ② 덮밥용 그릇 = 돈부리바치(どんぶりばち)
- 돈부리메시 [どんぶりめし:飯:정반] 덮밥, 돈부리바치에 밥을 넣고, 그 위에 조리한 재료를 얹어낸 식사요리

나:な

- 나가사키료리 [ながさきりょうり:長崎料理:장기요리] 나가사키요리, 나가사키지역의 일본화 된 중국식 요리
- 나가시바코 [ながしばこ:流箱:류상] 찜 틀, 굳힘틀
- 낫토 [なっとう:納豆:납두] 낫토, 대두를 삶아서 단순 발효에 의해 숙성시킨 일본의 대표적인 콩 발효식품
- 나나메기리 [ななめぎり:斜切:사절] 어슷썰기 방법
- 나베 [なべ:鍋:과] 냄비
- 나베모노 [なべもの:鍋物:과물] = 나베료리(なべりょうり), 냄비 요리
- 나베야키우동 [なべやきうどん:鍋 :과소온돈] 냄비 우동
- 나마스 [なます: :회 / 膾:회] 회, 생선이나 육류 등을 비가열 조리한 요리의 총칭
- 나마후 [なまふ:生 :생부] 생부, 밀기울을 이용하여 만든 조리용 떡
- 나메코 [なめこ:滑子:활자] 나메코, 활엽수의 썩은 나무에 군생하는 담자균류에 속하는 식용버섯
- 나라즈케 [ならづけ:奈良漬:나양지] 참외지, 장아찌, 술지게미로 만든 나라지방(奈良地方)의 향토식 절임요리
- 나레즈시 [なれずし:熟 :숙지] 염장식품을 밥과 함께 절인 저장성 식품으로서 초밥의 원형
- 남반료리 [なんばんりょうり:南 料理:남만요리] 중국풍의 요리로 포르투칼과 스페인의 영향을 받음
- 남부 [なんぶ:南部:남부] 깨를 사용해서 요리에 곁들인 것
- 니오이 [におい:臭:취] 냄새
- 니기리 [にぎり:煮切:자절] 미림이나 술의 알콜을 증발시키는 것
- 니기리즈시 [にぎりずし:握 :악지] 생선초밥
- 니기리메시 [にぎりめし:握飯:악반] = 오니기리(おにぎり), 주먹밥
- 니쿠타타키 [にくたたき:肉叩:육고] 손질한 가다랑어에 쇠꼬챙이에 꽂아서 소금을 앞뒤로 듬뿍 묻힌 후 직화불로 구울 때 타타타 소리가 난다해서 타타키라고 한다.
- 니쿠당고 [にくだんご:肉子:육단자] 고기 단자
- 니코고리 [にこごり:煮凝:자응] 생선 껍질의 젤라틴을 끓인 후 차게 굳힌 요리로서 복어의 니코고리가 대표적임
- 니코미우동 [にこみうどん:煮 :자입온돈] 푹 끓인 육수에 삶은 우동
- 니코무 [にこむ:煮む:자입] 재료를 약한 불에서 장시간 푹 끓이는 조리방법을 말함
- 니시메 [にしめ:煮染:자염] 재료의 색과 맛이 들도록 충분한 시간을 두고 졸이는 방법
- 니하이즈 [にはいず:二杯酢:이배초] 이배초, 혼합초로서 간장과 식초를 같은 양으로 한 것
- 니반다시 [にばんだし:二番出汁:이번출즙] 이번다시
- 니비타시 [にびたし:煮浸:자침] 다량의 재료를 장시간에 걸쳐 연하게 졸이는 것
- 니혼슈 [にほんしゅ:日本酒:일본주] 청주, 일본술

- 니혼료우리 [にほんりょうり:日本料理:일본요리] = 와쇼쿠(わしょく), 일본 요리
- 니마이오로시 [にまいおろし:二枚 :이매사] 두장뜨기
- 니마메 [にまめ:煮豆:자두] 콩자반, 불린 콩을 약한 불에서 은은하게 끓여서 간을 해서 조린 것
- 니모노 [にもの:煮物:자물] 삶거나 졸여서 익힌 요리를 말함
- 누카즈케 [ぬかづけ:糠漬:강지] 채소 등을 소금 쌀겨(겨된장)에 담그는 것 또는 담근 것
- 네지우메 [ねじうめ:拗梅:요매] 매화 모양으로 만들어 잎사귀마다 입체적으로 각을 주는 것
- 네즈미 [ねずみ:鼠:서] 쥐
- 네리모노 [ねりもの:練物:련물] 연제품, 굳힘 요리
- 노우코우지루 [のうこうじる:濃厚汁:농후즙] 진한 국물
- 노시구시 [のしぐし:伸串:신관] 새우를 삶을 때 등이 굽지 않도록 꼬치를 꼽아 주는 것
- 노조키 [のぞき: :사] 소량의 무침이나 초절임 요리를 담
- 노미모노 [のみもの: 物:음물] 마실 수 있는 음료나 술
- 노리 [のり:海苔:해태] 김 Laver
- 노리마키 [のりまき:海苔 :해태권] 김초밥

하:は

- 하이 [はい:杯:盃:배] 잔, 술잔
- 하이가 [はいが:胚芽:배아] 배아
- 바이니쿠 [ばいにく:梅肉:매육] 매화과육을 체에 내려 설탕 등으로 조미하여 시소(しそ)잎 등으로 색을 낸 것
- 바쿠슈 [ばくしゅ:酒:맥주] = 비루(ビール), 맥주
- 하케 [はけ:刷毛:체모] 요리용 붓
- 하코즈시 [はこずし:箱 :상지] 상자초밥
- 하시 [はし:箸:저] 젓가락
- 하시오키 [はしおき:箸置:저치] 젓가락 받침
- 하지카미 [はじかみ:薑:강] ① 생강 ② 산초의 옛 이름 ③ 생강의 대를 끓는 물에 데친 후 초절임한 것
- 하시라 [はしら:柱:주] 조개관자, 카이바시라(かいばしら)의 약어
- 하치 [はち:鉢:발] 주발, 사발 등의 그릇
- 하치미츠 [はちみつ:蜂蜜:봉밀] 벌꿀
- 학코 [はっこう:酵:발효] 발효
- 밧테라 [バッテラ] 고등어 초밥
- 밧토 [バット] 사각 용기
- 핫포다시 [はっぽうだし:八方出汁:팔방출즙] 조리용 국물
- 하토 [はと:鳩:구] 비둘기
- 하토챠 [はとちゃ:鳩茶:구다] 율무차
- 하나가타기리 [はながたぎり:花形切:화형저] 꽃모양 썰기

- 하나가츠오 [はながつお:花:회견] 가다랑어포를 잘고 얇게 썬 것
- 하나산쇼우 [はなさんしょう:花山椒:화산초] 산초나무꽃
- 하나렝콩 [はなれんこん:花蓮根:화연근] 연근꽃
- 하무 [ハム] 햄
- 하라고 [はらご:腹子:복자] 닭이나 생선 뱃속에 들어 있는 알
- 바라즈시 [ばらずし:腹:복지] = 지라시 wm시(ちらしずし), 일본식 회 덮밥
- 바라니쿠 [ばらにく:腹肉:복육] 삼겹살
- 하리우치 [はりうち:針打:침타] 몸통을 꼬챙이로 꽂아 굽는 방법
- 하리기리 [はりぎり:針切:침절] 재료를 바늘처럼 가늘게 써는 것
- 하리쇼우가 [はりしょうが:針生姜:침생강] 생강을 바늘 굵기로 가늘게 채썰기 한 생강
- 하리노리 [はりのり:針海苔:침해태] 김을 바늘 굵기로 가늘게 채썰기 한 김
- 하루사메 [はるさめ:春雨:춘우] 당면
- 한게츠기리 [はんげつぎり:半月切:반월절] 반달모양으로 자르는 방법
- 한다이 [はんだい:飯台:반태] 자부다이(ちゃぶだい), 밥상
- 한다이 [はんだい:板大:판태] 한기리(はんぎり), 나무로 만든 초밥 비빔통
- 반차 [ばんちゃ:番茶:번차]센차(せんちゃ)의 일종으로 잎을 따낸 후 줄기를 따서 만든 차 = 만차(まんちゃ)
- 비루 [ビール] =바쿠슈(ばくしゅう)] 맥주, 호프
- 히이레 [ひいれ:火入れ:화절] 만들어 둔 음식의 부패 방지를 위해서 재가열 조리하는 것
- 히우오 [ひうお:干魚:건어] =히오(ひお), 건어물, 말린 물고기
- 히카겐 [ひかげん:火加減:화가감] 불조절, 화력조절
- 히카리모노 [ひかりもの:光物:광물] 초밥집 용어로서 고등어, 전갱이, 전어 등의 등 푸른 생선의 총칭
- 히키기리 [ひききり:引切:인절] 생선회 자르는 방법 중의 하나로 짧고 힘 있게 당겨 자르는 것
- 히키니쿠 [ひきにく:挽肉:만육] 갈거나 저민 고기, 민치고기, 햄버거, 미트볼, 소보로 등을 만드는 데 사용
- 히즈 [ひず:氷頭:빙두] 연어나 참치 머리의 연골
- 비타민 [ビタミン] 비타민, 반드시 음식물의 섭취를 통해서 인체에 공급되어야 하는 필수 영양소
- 히다라 [ひだら:干:간설] = 보우다라(ぼうだら), 대구의 건제품
- 히모 [ひも:紐:뉴] 피조개나 가리비 등의 조개류의 지느러미살, 또는 육류의 내장을 말함
- 히모노 [ひもの:干物:건물] 건어물
- 히야시스이모노 [ひやしすいもの:冷吸物:냉흡물] 냉국, 차갑게 한 국물 요리로 간은 맑은국보다 약하게 한다
- 히야시소우멘 [ひやしそうめん:冷素:냉소면] 냉소면, 차가운 국물에 삶은 소면을 내는 것
- 히야시모노 [ひやしもの:冷物:냉물] 여름철에 냉(冷) 요리의 총칭을 말함
- 히야무기 [ひやむぎ:冷:냉맥] 냉국수, 우동면보다는 가늘고 소면보다는 굵은 국수로 건면류의 일종
- 히야얏코 [ひややっこ:冷奴:냉노] 냉 두부요리, 생두부에 차가운 다시를 부어서 내는 요리
- 효시키기리 [ひょうしきぎり:拍子木切:박자목절] 기본썰기 방법 중 하나
- 히라키 [ひらき:開:개] 생선의 등을 가른 후 펼쳐서 말린 건어물
- 히라즈쿠리 [ひらづくり:平作:평작] 참치회 등을 자를 때 칼을 힘껏 당겨서 살을 평평하게 자르는 것
- 히레자케 [ひれざけ:酒:기주] 생선의 지느러미를 말려 구워서 일본 청주에 넣어 먹는 술
- 히레지오 [ひれじお: :기염] 구이를 할 때 타는 것을 방지키 위해 지느러미에 소금을 듬뿍 묻히는 일
- 비와 [びわ:枇杷:비파] 비파나무
- 빈즈메 [びんづめ:詰:병힐] 병조림
- 후 [ふ:부] ① 밀기울 ② 밀개떡
- 후키요세 [ふきよせ:吹寄:취기] ① 휘파람이나 악기 등을 불어서 새를 모음, ② 여러 가지 것을 그러모음
- 후킨 [ふきん:布巾:포건] 행주
- 후구조우스이 [ふぐぞうすい:河豚 炊:하돈잡취] 복어죽
- 후구치리 [ふぐちり:河豚ちり] =뎃지리(てっちり), 복어지리
- 후쿠메니 [ふくめに:含煮:함자] 간을 약하게 하여 장시간 졸인 조림요리
- 후쿠라시코 [ふくらしこ:膨粉:팽분] 베이킹파우더
- 후쿠로 [ふくろ:袋:대] 유부 속에 고기와 채소를 볶아 넣어 박고지 등으로 묶은 것
- 후지오로시 [ふじおろし:富士:부사시] 무즙을 산 모양으로 만든 후 고추냉이나 생강즙을 올린 것
- 후시도리 [ふしどり:節取:절취] 생선 손질법으로 세장뜨기 한 생선의 혈합(치아이:ちあい) 부분을 도려내는 작업
- 후시루이 [ふしるい:節類:절류] 부시류, 다시를 만들기 위해 생선의 살을 삶아 건조시킨 것으로 다랑어, 고등어, 정어리 등이 있으나 그 중에 가쓰오 부시가 대표적임
- 후챠료우리 [ふちゃりょうり:普茶料理:보차요리] 중국식 사찰요리, 중국식의 정진요리(しょうじんりょうり)
- 부도우슈 [ぶどうしゅ:葡萄酒:포도주] 포도주, 포도과즙을 발효시켜 만든 술
- 부도우슈니 [ぶどうしゅに:葡萄酒煮:포도주자] 포도주
- 부도우마메 [ぶどうまめ:葡萄豆:포도두] 검정콩을 달게 조린 것
- 후토마키즈시 [ふとまきずし:太 :태권지] = 후토마키(ふとまき), 김초밥, 굵게만 김초밥
- 후나즈시 [ふなずし: :부지] 붕어 초밥, 붕어의 나레즈시(なれずし)
- 후하이 [ふはい:腐敗:부패] 부패
- 후리카케 [ふりかけ:振掛:진괘] ① 밥 위에 뿌려 막도록 만든 혼합 분

말 조미료 ② 음식 위에 곁들이는 재료 등을 뿌리는 행위
- 후리지오 [ふりじお:振:진영] 재료에 소금을 뿌리는 행위
- 후루이 [ふるい:篩:사] 체, 음식물을 우라고시(うらごし)하거나 물기를 제거하는 데 사용하는 주방 기물
- 베이카 [べいか:米菓:미과] 미과, 쌀로 만든 과자
- 벳타라츠케 [べったら漬) =벳타라(べったら)] 무를 누룩에 절인 것
- 베니쇼우가 [べにしょうが:紅生姜:홍생강] 생강의 뿌리 부분 초절임
- 벤토 [べんとう:弁:변당] 도시락
- 헴파이 [へんぱい:變敗:변패] 변패
- 호이로 [ほいろ:焙:배로] 건조기, 불판 위에 종이를 깔고 그 위에 김이나 미역, 차 등을 건조시키는 기물
- 호지차 [ほうじちゃ:焙茶:배대] 번차(番茶)를 볶아서 달인 차로서 향이 강해서 맛이 좋음
- 호쇼마키 [ほうしょまき:奉書:봉서권] 재료를 돌려깎기 한 무속에 넣고 말아서 싼 요리
- 호쇼야키 [ほうしょやき:奉書:봉서소] 재료를 호쇼카미(ほうしょかみ)로 싸서 오븐에서 굽는 요리를 말함
- 보우다라 [ほうだら:棒:봉설] = 히다라(ひだら), 건대구
- 호쵸우 [ほうちょう:包丁:포정] 조리용 칼, 원래는 조리사를 지칭했으나 지금은 식품을 자르는 도구의 지칭
- 호쵸우카케 [ほうちょうかけ:包丁掛:포정괘] 칼집, 칼을 수납하는 것
- 호우로쿠 [ほうろく:烙:포락] 넓고 둥근 질 냄비
- 호우로쿠야키 [ほうろくやき:烙:포락소] = 호우라쿠야키(ほうらくやき), 질그릇 소금구이
- 호시아와비 [ほしあわび:干鮑:간포] = 가누바오(干鮑), 말린 전복
- 호시이이 [ほしいい:干飯:간반 / 乾飯:건반] 말린 밥, 밥의 보존을 위해서 건조시킨 것
- 호시우동 [ほしうどん:干:간온돈] 건면, 마른 우동
- 호시에비 [ほしえび:干海老:간해로] 말린 새우
- 호시카이바시라 [ほしかいばしら:干貝柱:간패주] = 건 패주, 말린 조개 관자
- 호시가키 [ほしがき:干:간시] 곶감
- 호시이이타케 [ほししいたけ:干椎茸:건추용] 건 표고, 말린 표고버섯
- 호시소바 [ほしそば:干蕎:간교맥] 건 메밀국수
- 호시나마코 [ほしなまこ:干海鼠:간해서]=이리코(いりこ), 건해삼, 말린 해삼
- 호시부도우 [ほしぶどう:干葡萄:간포도] = 레진(レズン), 건포도
- 호소마키즈시 [ほそまきずし:細:세권지] 김을 반장만 사용해 가늘게 만 김초밥 후토마키즈시(ふとまきずし)
- 호네키리 [ほねきり:骨切:골절] 생선의 가는 잔가시를 발라내지 않고 그대로 자르는 것
- 호네누키 [ほねぬき:骨:골발] 생선의 가시를 뽑을 때 사용하는 기구
- 폰즈 [ポンズ:ポン酢:초] = 폰즈죠유(ポンズじょうゆ), 치리스(ちりす), 과즙초 ① 등자(橙子)를 짜서 만든 즙, ② 브랜디 또는 럼주에

과즙이나 설탕을 넣은 음료수
- 혼젠료리 [ほんぜんりょうり:本膳料理:본선요리] 본선 요리, 일본요리 형식의 기초가 된 일본의 사찰요리
- 혼나오시 [ほんなおし:本直:본직] 미림(味醂)에 소주를 섞은 요리 술
- 혼부시 [ほんぶし:本節:본절] 고급 카츠오부시

마: ま

- 마키스 [まきす:券簾:권렴] 김발, 대나무 발로서 김밥을 마는 기구
- 마키즈시 [まきずし: :권지] 김초밥
- 마쿠노우치 [まくのうち:幕の:막내] =마쿠노우치 벤토(まくのうちべんとう)의 준말, 도시락, 막간을 이용해서 먹는다는 뜻에서 유래했으며, 밥과 각종 반찬을 담은 도시락
- 마사고아에 [まさごあえ:砂和:진사화] 알 무침, 대구나 청어의 알 등 모래알처럼 작은 크기의 알을 오징어 채 썬 것 등의 가느다란 재료에 무친 요리
- 마사고아게 [まさごあげ:砂揚:진사양] 미징코(みじんこ)나 겨자씨 등 모래알같이 작은 알갱이를 재료에 묻혀서 튀긴 일종의 카와리아게(かわりあげ)임
- 마제메시 [まぜめし:混飯:혼반] 비빔밥, 마제고항(まぜごはん)이라 부름
- 마츠카사이카 [まつかさいか:松笠烏賊:송립오적] 오징어 몸통에 격자형으로 칼집을 넣어 데쳐 솔방울 모양을 낸 것
- 마츠카사다이 [まつかさだい:松笠:송립조] 비늘을 제거한 도미의 살을 끓는 물에 데친 것
- 마츠가와고보우 [まつがわごぼう) [松皮牛蒡: 송피우방] 우엉의 껍질을 벗기지 않고 조린 요리로서 우엉의 표면이 마치 소나무와 같다고 하여 붙여진 이름
- 마츠카와즈쿠리[まつかわづくり:松皮造り:송피조] = 시모후리즈쿠리(しもふりづくり), 도미를 껍질 채 시모후리 한 것을 썰어낸 생선회
- 마츠타케메시 [まつたけめし:松茸飯:송용반] = 마츠타케고항(まつたけごはん), 송이버섯 밥
- 맛차[まっちゃ:抹茶:말다] =히키차(ひきちゃ), 녹차를 갈아서 분말로 한 고급 가루차 ↔ はちゃ(하차:갓 나온 잎으로 만든 엽차)
- 마츠노미 [まつのみ:松の:송실] 솔방울 안에 있는 하얀 열매로서 껍질을 벗겨서 술안주로 먹기도 함
- 마츠바아게 [まつばあげ:松葉揚:송옆양] 건 메밀국수나 소면을 이용해 튀긴 카와리아게(かわりあげ) 요리
- 마츠바기리 [まつばぎり:松葉切:송엽절] 재료를 솔잎처럼 가늘게 써는 법
- 마츠바야키 [まつばやき:松葉:송엽소] 송이버섯이나 은행, 흰살생선 등을 종이나 알루미늄 호일로 말아서 찜구이(むしやき)하는 것 또는 그 속에 솔잎을 깔아서 솔잎 향을 배이게 굽는 것
- 마나바시 [まなばし:魚箸:진어저] 생선 손질 때나 생선회를 담을 때 사용하는 젓가락

- 마무시 [まむし:蒸し:진증 / 間蒸し:간증] = 마부시(まぶし), 지방에서 만들어진 덮밥 요리
- 마메미소 [まめみそ:豆味:두미쟁] 콩 된장, 삶은 대두를 누룩으로 만든 후 식염수에 담가서 만든 것
- 마루아게 [まるあげ:丸揚:환양] 닭, 생선 등을 재료를 손질한 것을 통째로 튀기는 것
- 마루니 [まるに:丸煮:환자] 재료를 자르지 않고 통째로 끓이거나 졸이는 것 또는 자라 조림요리를 일컬음
- 만쥬 [まんじゅう:饅頭:만두] 만두
- 미징기리 [みじんぎり:微塵切:미진절] 재료를 다지듯 잘게 써는 것
- 미징코[みじんこ:微塵粉:미진분] 찹쌀 미숫가루, 쪄서 말린 찹쌀을 분쇄한 것으로 화과자의 원료로 사용함
- 미징코아게 [みじんこあげ:微塵粉揚:미진분양] 재료에 미징코를 묻혀 튀긴 카와리아게(かわりあげ) 요리
- 미즈 [みず:水:수] 물
- 미즈아메 [みずあめ:水飴:수이] 물엿, 조청
- 미즈가이 [みずがい:水貝:수패] 여름철 전복회 요리
- 미즈가시 [みずがし:水菓子:수과자] = 구다모노(くだもの) = 가지츠루이(かじつるい), 과일
- 미즈가라시 [みずがらし:水芥子:수개자] 겨자가루를 물에 푼 것을 말함
- 미즈사이바이 [みずさいばい:水栽培:수재배] 수경재배
- 미즈다키 [みずだき:水炊:수취] 닭 냄비요리
- 미소시루 [みそしる:味汁:미쟁즙] 된장국
- 미소스키[みそすき:味鋤:미쟁서] 된장으로 끓인 냄비요리로서 스키야키(すきやき)에 된장을 넣어 조리 한 것으로 소, 돼지, 말고기 등을 재료로 사용하기도 함
- 미소즈케 [みそづけ:味漬:미쟁지] 된장 절임
- 미소니 [みそに:味煮:미쟁자] = 미소다키(みそだき) 된장 조림
- 미츠바 [みつば:三葉:삼엽] 파드득나물, 셋잎(세 개의 잎으로 된 삼엽 채소)
- 무키에비 [むきえび:海老:박해로] 새우살, 껍질을 벗긴 새우의 살
- 무기 [むぎ::맥] 보리
- 무기코 [むぎこ:粉:맥분] 보릿가루를 말하지만, 보통은 밀가루(코무기코:こむぎこ)를 지칭
- 무기차 [むぎちゃ:茶:맥다] 보리차
- 무기미소 [むぎみそ:味:맥미쟁] 보리누룩을 삶은 콩에 넣어 숙성시켜 만든 된장
- 무기메시 [むぎめし:飯:맥반] 보리밥, 멥쌀에 보리를 섞어 지은 밥이나 보리만으로 지은 밥
- 무키모노 [むきもの:物:박물] 조각품, 요리가 돋보이도록 재료를 동물이나 꽃 모양 등으로 세공한 것
- 무코우이타 [むこういた:向板:향판] ① 조사리 ② 모든 생선류를 손질하는 파트 ③ 조리사의 계급

- 무코즈케 [むこうづけ:向付:향부] 회석요리에서 나오는 생선회
- 무시키 [むしき:蒸器:증기] 찜통
- 무시모노 [むしもの:蒸物:증물] 찜 요리
- 무시야키 [むしやき:蒸:증소] 간접구이 조리법으로서 오븐구이가 대표적임
- 무스비 [むすび:結:결] 맺음 또는 맺은 것, 매듭
- 메우치 [めうち:目打:목타] 조리용 송곳
- 메시 [めし:飯:반] = 고항(ごはん), 백반, 식사, 밥
- 메시야 [めしや:飯屋:반옥] 음식점, 밥집
- 메다마야키 [めだまやき:目玉:목옥소] 달걀부침, 달걀프라이, 달걀을 풀지 않고 난화의 모양을 살린 것
- 메네기 [めねぎ:目:아총] 파의 싹
- 멘타이코 [めんたいこ:明太子:명태자] 명란젓, 명태알에 고춧가루 등을 넣어서 만든 젓갈
- 멘토리 [めんとり:面取:면취] 무나 순무 등의 면을 다듬는 것
- 멘보우 [めんぼう:棒:면봉] 면봉
- 멘루이 [めんるい:類:면류] 면, 면류
- 모치 [もち:병] 떡
- 모치코 [もちこ:餅粉:병분] 찹쌀가루
- 모치고메 [もちごめ:米:병미] 찹쌀 Glutinous Rice
- 모도스 [もどす:す:태] 건조된 식재료를 물에 담가서 불리거나 데워서, 원래의 상태로 복원하는 것
- 모미지오로시 [もみじおろし:紅葉:홍엽사] = 아카오로시(あかおろし), 빨간 무즙, 빨간 단풍잎의 색과 동일
- 모미노리 [もみのり:海苔:유해태] 부순 김
- 모멘도우후 [もめんどうふ:木綿豆腐:목면두부] 두부, 간수를 넣어서 굳힌 두부로 일반적인 두부로 조제 시 성형하여 탈수할 때 헝겊으로 덮었다 하여 붙여진 이름
- 모모니쿠 [ももにく:股肉:고육] 대퇴부, 육류의 넓적다리 부위
- 모모야마 [ももやま:桃山:도산] 과자의 이름
- 모리아와세 [もりあわせ:盛合:성합] 여러 가지 요리를 한 그릇에 모아서 담은 것
- 모리소바 [もりそば:盛蕎:성교맥] 메밀국수
- 모리츠케 [もりつけ:盛付:성부] ① 음식 담기 ② 음식을 담는 업무를 담당하는 조리사 ③ 일본 요리사의 서열계급

야"や

- 야칸 [やかん:缶:약부] 주전자, 원래는 약용 냄비였지만, 현재는 물을 끓이는 전용 용기로 사용함
- 야키아미 [やきあみ:網:소망] 석쇠
- 야키이모 [やきいも:芋:소우] 군고구마
- 야키구리 [やきぐり:栗:소율] 군밤

- 야키고메 [やきごめ:米:소미] = 이리고메(いりごめ), 올벼를 볶아서 절구로 찧어 왕겨를 벗긴 햅쌀을 말함
- 야키자카나 [やきざかな:魚:소어] 생선구이
- 야키지오 [やきじお: :소염] 질그릇에 넣어 밀폐하여 구운 소금으로 식염으로서 순도가 높음
- 야키시모 [やきしも:霜:소상] 재료의 표면만을 강한 불에 구워 만드는 생선회, 구운 생선회
- 야키소바 [やきそば:蕎:소교맥] = 차오미에뉴(チャオミエヌ), 메밀볶음
- 야키도우후 [やきどうふ:豆腐:소두부] 구운 두부, 직화로 구운 누부
- 야키토리 [やきとり:鳥:소조] 닭꼬치구이
- 야키노리 [やきのり:海苔:소해태] 구운 김, 맛김
- 야키하마구리 [やきはまぐり:蛤:소합] 대합구이
- 야키메 [やきめ:目:소목] 재료의 겉표면에 탄 자국이 남은 것
- 야키메시 [やきめし:飯:소반] = 차항(チャハン), 볶음밥
- 야키모노 [やきもの:物:소물] 구이요리
- 야쿠미 [やくみ:味:약미] 재료에 곁들이는 양념이나 향신료
- 야사이 [やさい:野菜:야채] 채소
- 야스리보우 [やすりぼう:棒:려봉] 양도의 칼날을 가는 금속도구
- 야나기바 [やなぎば:柳刃:류인] 관서형의 끝이 뾰족한 생선회칼
- 야와라카니 [やわらかに:柔煮:유자] 문어, 오징어 등의 건어물을 조려 부드러운 상태로 만드는 것
- 유아라이 [ゆあらい:湯洗:탕세] 생선회를 더운물에 살짝 데쳐 냉수에 담갔다 건지는 생선회 조리법 중 하나
- 유안야키[ゆうあんやき:幽庵:유암소] = (유안츠케ゆうあんつけ), 간장과 미림, 술, 유자즙을 이용하여 담갔다가 구이요리 방법 중 하나
- 유우쇼쿠 [ゆうしょく:夕食:석식] 저녁식사
- 유데타마고 [ゆでたまご:茹卵:여란] 삶은 달걀
- 유데루 [ゆでる:茹でる:여] 삶기, 데치기
- 유바 [ゆば:湯葉:탕엽] 두유막, 두유를 살짝 끓이면 표면에 막이 생기는데 이를 유바라 한다.
- 유비키 [ゆびき:湯引:탕인] ① 생선살에 끓는 물을 부어 찬물에 식혀 먹는 생선회의 조리법 ② 닭의 털을 뽑아내기 위해서 더운물에 데치는 것
- 유무키 [ゆむき:湯:탕막] 재료를 뜨거운 물에 담그거나 끼얹어 토마토 등의 껍질을 벗기는 것
- 요칸 [ようかん:羊羹:양갱] 양갱, 팥으로 만든 화과자의 일종임
- 요우지 [ようじ:楊枝:양지] 이쑤시개
- 요시노 [よしの:吉野:길야] = 쿠즈코 (くずこ), 갈분
- 요세나베 [よせなべ:寄鍋:기과] 모듬 냄비
- 요세모노 [よせもの:奇物:기물] 흰살생선을 스리미(すりみ)로 가공하여 만든 식품을 말함
- 요소우 [よそう:粧:장] 요리를 구분해서 담는 것

라: ら

- 라센기리 [らせんぎり:螺旋切り:라선절] 소용돌이 모양으로 써는 방법
- 란기리 [らんぎり:切:난절] 난도질, 마구썰기
- 란기리[らんぎり:卵切:난절] 점성을 위해 물 대신 난황을 넣어 만든 국수
- 락교 [らっきょう:辣:랄구] 염교
- 료쿠차 [りょくちゃ:茶:녹차] 녹차, 찻잎의 녹색을 유지하도록 만든 비발효차
- 링고슈 [りんごしゅ:林檎酒:림금주] 사과주, 사과를 발효시켜서 만든 알코올 음료임
- 로바타야키 [ろばたやき:端:로단소] 화로구이

와: わ

- 와가케 [わがけ:輪掛:윤괘] 생선이나 고기의 으깬 살을 묻혀서 튀긴 것
- 와가시 [わがし:和菓子:화과자] 일본과자, 화과자
- 와카도리 [わかどり:若鷄:약계] 부화한 후 백일 정도 된 닭
- 와기리 [わぎり:輪切:륜절] 둥글게 자르기, 기본 자르기 중의 하나
- 와사비즈케 [わさびづけ:山葵漬:산규지] 와사비 잎을 이용한 절임요리
- 와쇼쿠 [わしょく:和食:화식] 일본요리
- 와타[わた:腸:장] 내장이나 창자
- 와타가시 [わたがし:綿菓子:면과자] 솜사탕 같은 설탕 과자의 일종
- 와타리가니 [わたりがに:渡蟹:도해] 가자미(がざみ), 꽃게
- 와라비코 [わらびこ:蕨粉:권분] 고사리 전분
- 와리죠유 [わりじょうゆ:割油:할장유] 묽은 간장, 간장을 다시로 희석시킨 것
- 와리바시 [わりばし:割箸:할저] 나무젓가락
- 완 [わん:椀:완] 음식물을 담는 그릇
- 완 [わん:碗:완] 식기, 밥이나 국을 담을 수 있는 자기그릇
- 완다네[わんだね:碗種:완종] 맑은 국의 주재료
- 완즈마 [わんづま:碗妻:완처] 맑은 국의 주재료에 곁들이는 부재료
- 완모리 [わんもり:椀盛:완성] = 챠완모리(チャワンモリ) 생선, 닭고기 채소 등을 주재료로 하여 큰 그릇에 담아낸 맑은국이나 된장을 이용한 국물 요리를 말함

3. 식 재료의 제철

1) 어패류(魚貝類)

봄에는 대부분 모든 생선이 산란하기 전이기 때문에 몸체가 굵고 지방이 많아서 맛이 좋은 계절로서 가자미, 도미, 삼치 등이 특히 맛이 있고 값싸게 구할 수 있다. 여름에는 장어, 농어 등의 흰살생선이 맛이 좋아지는 계절로서 특히 생선의 신선도 유지에 신경을 써야 한다. 가을에는 1년 중 가장 풍성한 해산물을 얻을 수 있는 계절로서 특히 고등어, 꽁치, 참치 등의 생선이 맛이 좋다. 겨울에는 복어, 방어, 아구 등의 생선이 맛이 좋은 계절로서 대합, 모시조개, 소라 등의 패류도 풍부하게 출하된다.

① 봄 (하루:春)

3월 [야요이:やよい:弥生]

가리비 [호타테가이:ほたてがい:帆立て貝], 게르치 [무츠:むつ:], 까나리 [이카나고:いかなご:玉筋魚], 꼴뚜기날치 [토비우오:とびうお:飛魚], 넙치 [히라메:ひらめ:], 대합 [하마구리:はまぐり:蛤], 도다리 [메이타가레이:めいたがれい:目板], 도미 [타이:たい:], 문어 [타코:たこ:], 먹물오징어 [스미이카:すみいか:墨烏賊], 멸치 [카타쿠치이와시:かたくちいわし:片口], 모시조개 [코トシェル:Cord Shell], 몽고오징어 [몽고토리조쿠:もんごとりぞく:もんご烏賊], 바닷가재 [이세에비:いせえび:伊勢海老], 바지락 [아사리:あさり:], 뱅어[시라우오:しらうお:白魚], 볼락[메바루:めばる:眼張], 빙어[와카사기:わかさぎ:公魚] 삼치 [사와라:さわら:], 새끼방어(마래미)[이나다:いなだ:], 새조개[토리가이:とりがい:鳥貝], 소라[사자에:さざえ:螺], 송어[마스:ます:], 쑤기미 [오코제:おこぜ:虎魚], 오분자기 [토코부시:とこぶし:常節], 옥돔[아마다이:あまだい:甘], 왕우럭조개[미루가이:みるがい:海松貝], 잉어[코이:こい:鯉],쥐노래미[아이나메:あいなめ:鮎魚女],차새우[쿠루마에비:くるまえび:車海老], 청어 [니싱:にしん:], 피조개[아카가이:あかがい:赤貝], 화살꼴뚜기[야리이카:やりいか:槍烏賊], 학꽁치[사요리:さより:魚], 히시가니(게)[히시가니:ひしがに:菱蟹]

4월 [우즈키:うづき:卯月]

가다랑어[가츠오:かつお:], 강새우[카와에비:かわえび:川海老], 꼬치고기[카마스:かます:], 관자 [카이바시라:かいばしら:貝柱:かいばしら], 날치 [토비우오:とびうお:飛魚], 넙치 [히라메:ひらめ:], 도다리 [메이타가레이:めいたがれい:目板], 돌돔 [이시다이:いしだい:石], 모시조개 [코トシェル:Cord Shell], 몽고오징어 [몽고토리조쿠:もんごとりぞく:もんご烏賊], 미꾸라지 [도죠:どじょう:], 바닷가재 [이세에비:いせえび:伊勢海老], 바다장어 [아나고:あなご:穴子], 바지락 [아사리:あさり:], 벚꽃돔 [사쿠라다이:さくらだい:], 벚꽃새우 [사쿠라에비:さくらえび:海老], 보리멸 [키스:きす:], 볼락 [메바루:めばる:目張], 붕어 [후나:ふな:], 삼치 [사와라:さわら:], 새조개 [토리가이:とりがい:鳥貝], 성게 [우니:うに:雲丹], 소라 [사자에:さざえ:螺], 송어 [마스:ます:], 시

마아지 [시마아지:縞], 쑤기미 [오코제:おこぜ:虎魚], 오징어 [스루메이카:するめいか:烏賊], 옥돔[아마다이:あまだい:甘], 왕우럭조개 [미루가이:みるがい:海松貝], 은어 [아유:あゆ:鮎], 잉어[코이:こい:鯉], 자라 [슷퐁:すっぽん:鼈], 전갱이[아지:あじ:], 정어리[이와시:いわし:], 쥐노래미[아이나메:あいなめ:鮎魚女], 중고기[히가이:ひがい:], 피조개[아카가이:あかがい赤貝], 차새우[쿠루마에비:くるまえび:車海老], 청어 [니싱:にしん:], 학꽁치[사요리:さより:魚]

5월 [사츠키:さつ:き皐月]

가다랑어 [가츠오:かつお:], 갈치 [타치우오:たちうお:太刀魚], 갯가재 [샷코:しゃこ:蝦], 갯장어 [하모:はも:], 고등어 [사바:さば:鯖], 꼬치고기 [카마스:かます:], 넙치 [히라메:ひらめ:], 날치 [토비우오:とびうお:飛魚], 노랑가오리 [아카에이:あかえい:赤], 농어 [스즈키:すずき:], 도다리 [메이타가레이:めいたかれい:目板], 돌가자미 [이시가레이:いしがれい:石], 멍게 [호야:ほや:海], 미꾸라지 [도죠:どじょう:], 바다장어 [아나고:あなご:穴子], 바지락 [아사리:あさり:], 방어 (성어 전)[와라사:わらさ:雅], 보리멸 [키스:きす:], 볼락 [메바루:まばる:目張], 방어 (마래미:약40cm크기)[이나다:いなだ:], 샛돔 [이보다이:いぼだい:], 석수어(조기) [이시모치:いしもち:石首魚], 성게 [우니:うに:雲丹], 양태 [코치:こち:], 잿방어 [칸파치:かんぱち:間八], 전갱이 [아지:あじ:], 전복 [아와비:あわび:鮑], 줄무늬전갱이 [시마아지:しまあじ:縞], 중고기 [하가이:ひがい:], 쥐노래미 [鮎魚女:あいなめ:], 쥐치 [기카와하기:ぎかわはぎ:皮], 차새우 [쿠루마에비:くるまえび:車海老], 참가자미 [마가레이:まがれい:], 청어 [니싱:にしん:], 키조개[타이라가이:たいらがい:平貝], 하마치(방어의 새끼)[하마치:はまち:], 학꽁치[사요리:さより:魚], 황다랑어 [키와다마구로:キワダマグロ:肌], 흑돔 [쿠로다이:くろだい:], 흰꼴뚜기 [아오리이카:あおりいか利烏賊], 흰색연어 [시로사케:しろさけ:白]

② 여름 [나츠:夏]

6월 [마나즈키:まなづき:水無月]

가다랑어 [가츠오:かつお:], 갈치 [타치우오:たちうお:太刀魚], 고등어 [사바:さば:鯖], 꼬치고기[카마스:かます:], 농어 [스즈키:すずき:], 도다리 [메이타가레이:めいたかれい:目板], 도다리[目板:めいたかれい:], 바다가재 [이세에비:いせえび:伊勢海老], 문어 [타코:たこ:], 말린오징어[するめいか: 烏賊], 멸치 [카타쿠치이와시:かたくちいわし:片口], 미꾸라지 [도죠:どじょう:], 민물장어[우나기:うなぎ:鰻], 보리멸 [키스:きす:], 바다장어 [아나고:あなご:穴子], 석수어(조기) [이시모치:いしもち:石首魚], 성게 [우니:うに:雲丹], 양태 [코치:こち:], 오징어 [스루메이카:するめいか:烏賊], 잉어[코이:こい:鯉], 은어 [아유:あゆ:鮎], 잿방어 [칸파치:かんぱち:間八], 전복 [아와비:あわび:鮑], 줄무늬전갱이 [시마아지:しまあじ:縞], 쥐노래미[아이나메:あいなめ鮎魚女], 차새우 [쿠루마에비:くるまえび:車海老], 학꽁치[사요리:さより:魚], 흑돔 [쿠로다이:くろだい:

7월 [후미즈키:ふみづき文月]

가다랑어 [가츠오:かつお:], 가자미 [가레이:がれい:], 갈치 [타치우오:たちうお:太刀魚], 갯가재 [샷코:しゃこ:蝦], 갯장어 [하모:はも:], 고등어 [사바:さば:鯖], 고래[쿠지라:くじら:鯨], 꼬치고기 [카마스:かます:], 노랑가오리 [아카에이:あかえい:赤], 농어 [스즈키:すずき:], 돌돔 [이시다이:いしだい:石], 문어 [타코:たこ:], 멸치 [카타쿠치이와시:かたくちいわし:片口], 미꾸라지 [도죠:どじょう:], 민물장어[우나기:うなぎ:鰻], 바다장어 [아나고:あなご:穴子], 바지락 [아사리:あさり:], 방어 (마래미:약40cm크기)[이나다:いなだ], 보리멸 [키스:きす:], 숭어[보라:ほら:], 부시리(평방어) [히라마사:ひらまさ:平柾], 샛돔 [이보다이:いぼだい:], 새치[카지키:かじき:梶木], 석수어(조기) [이시모치:いしもち:石首魚], 성게 [우니:うに:雲丹], 소라[사자에:さざえ: 螺], 시바새우[시바에비:しばえび:芝海老], 양태[코치:こち], 오분자기 [도코부시:とこぶし:常節], 은어 [아유:あゆ:鮎], 잿방어 [칸파치:かんぱち:間八], 전갱이 [아지:あじ:], 전복 [아와비:あわび:鮑], 쥐치 [카와하기:かわはぎ: 皮], 차새우 [쿠루마에비:くるまえび:車海老:], 흑돔 [쿠로다이:くろだい:], 히시가니(게) [히시가니:ひしがに:菱蟹]

8월 [하즈키:はづき]

가다랑어 [가츠오:かつお:], 가자미 [가레이:がれい:], 갈치 [타치우오:たちうお:太刀魚], 갯가재 [샷코:しゃこ:蝦], 갯장어 [하모:はも:], 고등어 [사바:さば:鯖], 고래[쿠지라:くじら:鯨], 꼬치고기 [카마스:かます:], 노랑가오리 [아카에이:あかえい:赤], 농어 [스즈키:すずき:], 돌돔 [이시다이:いしだい:石], 문어 [타코:たこ:], 미꾸라지 [도죠:どじょう:], 바다장어 [아나고:あなご:穴子], 바지락 [아사리:あさり:], 보리멸 [키스:きす:], 부시리(평방어) [히라마사:ひらまさ:平柾], 새끼방어 [이나다:いなだ], 새치 [카지키:かじき:梶木], 석수어(조기) [이시모치:いしもち:石首魚], 소라[사자에:さざえ: 螺], 샛돔[이보다이:いぼだい:] 성게 [우니:うに:雲丹], 숭어[보라:ほら:], 시바새우[시바에비:しばえび:芝海老], 오징어 [스루메이카:するめいか:烏賊], 은어 [아유:あゆ:鮎], 잿방어 [칸파치:かんぱち:間八], 쥐치 [카와하기:かわはぎ: 皮], 장어 [우나기:うなぎ:鰻], 전갱이 [아지:あじ:], 전복 [아와비:あわび:鮑], 차새우 [쿠루마에비:くるまえび:車海老:], 히시가니(게)[히시가니:ひしがに:菱蟹], 흰꼴뚜기 [아오리이카:あおりいか ㄴ利烏賊]

③ 가을 [아키:秋]

9월 [나가츠키:ながつき]

가다랑어 [가츠오:かつお:], 가리비[호타테가이:ほたてがい:帆立て貝], 갈치 [타치우오:たちうお:太刀魚], 갯가재 [샷코:しゃこ:蝦], 갯장어 [하모:はも:], 고등어 [사바:さば:鯖], 꼬치고기 [카마스:かます:], 꽁치[산마:さんま:秋刀魚], 날치[토비우오:とびうお:飛び魚], 농어 [스즈키:すずき:], 도미[타이:たい:], 바닷가재 [이세에비:いせえび:伊勢海老], 보리멸 [키스:きす:], 숭어[보라:ほら:], 시바새우[시바에비:しばえび:芝海老], 잿방어 [칸파치:かんぱち:間八], 양태[코치:こち], 전갱이 [아지:あじ:], 차새우 [쿠루마에비:くるまえび:車海老:], 흑돔 [쿠로다이:くろだい:], 히시가니(게)[히시가니:ひしがに:菱蟹]

10월 [칸나즈키:かんなづき]

갑오징어 [코이카:こういか:甲烏賊], 갯장어 [하모:はも:], 고등어 [사바:さば:鯖], 꼬치고기 [카마스:かます:], 꽁치[산마:さんま:秋刀魚], 넙치 [히라메:ひらめ:], 단새우[아마에비:あまえび:甘海老], 대합[하마구리:はまぐり:蛤], 도미 [타이:たい:], 물오징어 [스미이카:すみいか:墨烏賊], 먹 멸치[이와시:いわし:], 바닷가재 [이세에비:いせえび:伊勢海老], 바지락 [아사리:あさり:], 보리멸 [키스:きす:], 복어 [후구:ふぐ:河豚], 삼치 [사와라:さわら:], 새끼방어 [이나다:いなだ], 숭어 [보라:ほら:], 시바새우 [시바새우:しばえび:芝海老], 오징어 [이카:いか:烏賊], 옥돔 [아마다이:あまだい:甘], 연어[사케:さけ:] 자라 [슷퐁:すっぽん:鼈], 작은도미 [코타이:こたい:小], 전갱이 [아지:あじ:], 전어[코노시로:このしろ:], 차새우[쿠루마에비:くるまえび:車海老], 털게[케가니: :けがに:毛蟹], 히시가니(게)[히시가니:ひしがに:菱蟹]

11월 [시키츠키:しもつき]

가리비[호타테가이:ほたてがい:帆立て貝], 갯장어 [하모:はも:], 꽁치[산마:さんま:秋刀魚], 넙치 [히라메:ひらめ:], 다랑어[마구로:まぐろ:], 단새우[아마에비:あまえび:甘海老], 대구 [타라:たら:], 도다리 [메이타카레이:めいたかれい:目板], 바닷가재 [이세에비:いせえび:伊勢海老], 방어 [부리:ぶり:], 복어 [후구:ふぐ:河豚], 빙어 [와카사기:わかさぎ:公魚], 삼치 [사와라:さわら:], 새조개 [토리가이:とりがい:鳥貝], 새치 [카지키:かじき:梶木], 샛돔 [이보다이:いぼだい:], 석화 [카키:かき:牡], 성게 [우니:うに:雲丹], 숭어 [보라:ほら:], 시바새우[시바에비:しばえび:芝海老], 아구 [안코우 [あんこう:鮟鱇], 양태 [코치:こち:], 열빙어 [시샤모:ししゃも:柳葉魚], 연어 [사케:さけ:], 오분자기 [토코부시:とこぶし:常節], 옥돔 [아마다이:あまだい:甘:], 왕우럭조개 [미루가이:みるがい:海松貝], 잉어 [코이:こい:鯉], 자라 [슷퐁:すっぽん:鼈], 작은도미 [코타이:こたい:小], 전갱이 [아지:あじ:], 조개관자 [카이바시라:かいばしら:貝柱], 쥐치 [카와하기:かわはぎ:皮], 차새우 [쿠루마에비:

くるまえび:車海老], 키조개 [타이라가이:たいらがい:平貝], 피조개 [아카가이:あかがい:赤貝], 학꽁치[사요리:さより:魚,], 해삼 [나마코:なまこ海鼠:], 해삼창자 [코노와타:このわた:海鼠腸], 히시가니(게)[히시가니:ひしがに:菱蟹]

④ 겨울 [후유:冬]

12월 [이와시:しわす]

게르치 [무츠:むつ:睦], 관자 [카이바시라:かいばしら:貝柱], 넙치 [히라메:ひらめ:鮃], 바닷가재 [이세에비:いせえび:伊勢海老], 다랑어 [마구로:まぐろ:鮪], 단새우 [아마에비:あまえび:甘海老], 대구 [타라:たら:鱈], 오분자기 [토코부시:とこぶし:常節], 방어 [부리:ぶり:鰤], 도미 [타이:たい:鯛], 먹물오징어 [스루메이카:するめいか:鯣烏賊], 방어 [부리:ぶり:鰤], 복어 [후구:ふぐ:河豚], 뱅어 [白魚:시라우오:しらうお:白魚], 북방조개 [훗키가이:ほっきがい:北寄貝], 붕어[후나:ふな:鮒], 새치 [카지키:かじき:梶木], 삼치[사와라:さわら:鰆], 석화 [카키:かき:牡蛎], 성게 [우니:うに:雲丹], 숭어 [보라:ほら:鯔], 쑤기미,[오코제:おこぜ:虎魚], 아구[안코우:あんこう:鮟鱇], 연어 [사케:さけ:鮭], 옥돔 [아마다이:あまだい:甘鯛], 왕우럭조개 [미루가이:みるがい:海松貝], 잉어 [코이:こい:鯉], 전어[코노시로:このしろ:鮗], 쥐치 [카와하기:かわはぎ:皮剥], 차새우 [쿠루마에비:くるまえび:車海老], 피조개 [아카가이:あかがい:赤貝], 해삼 [나마코:なまこ:海鼠:], 해삼창자 [코노와타:このわた:海鼠腸], 히시가니(게)[히시가니:ひしがに:菱蟹]

1월 [무츠키:むつき:睦月]

가자미 [가레이:がれい:鰈], 게르치 [무츠:むつ:睦], 굴 [카키:かき:牡蠣], 다랑어 [마구로:まぐろ:鮪], 단새우 [아마에비:あまえび:甘海老], 대구[타라:たら:鱈], 대구알 [타라코:たらこ:鱈子], 대합 [하마구리:はまぐり:蛤], 문어 [타코:たこ:蛸], 먹물오징어 [스미이카:すみいか:墨烏賊], 바지락 [아사리:あさり:浅蜊], 바닷가재 [이세에비:いせえび:伊勢海老], 방어 [부리:ぶり:鰤], 뱅어 [시라우오:しらうお:白魚], 병어 [마나가츠오:まながつお:真魚鰹], 복어 [후구:ふぐ:河豚], 빙어 [와카사기:わかさぎ:公魚], 삼치,[사와라:さわら:鰆], 새치 [카지키:かじき:梶木], 새조개 [토리가이:とりがい:鳥貝], 숭어 [보라:ほら:鯔], 아구[안코우:あんこう:鮟鱇], 연어 [사케:さけ:鮭], 옥돔 [아마다이:あまだい:甘鯛], 왕우럭조개 [미루가이:みるがい:海松貝], 잉어 [코이:こい:鯉], 전어[코노시로:このしろ:鮗], 조개관자 [카이바시라:かいばしら:貝柱], 차새우 [쿠루마에비:くるまえび:車海老], 참돔 [마타이:またい:真鯛], 청어알 [카즈노코:かずのこ:数の子], 피조개 [아카가이:あかがい:赤貝], 해삼 [나마코:なまこ:海鼠:], 히시가니(게)[히시가니:ひしがに:菱蟹]

2월 [키사라기:きさらぎ:如月]

가자미 [가레이:がれい:鰈], 게르치 [무츠:むつ:睦], 다랑어 [마구로:まぐろ:鮪], 단새우[아마에비:あまえび:甘海老], 대구[타라:たら:鱈], 대구알 [타라코:たらこ:鱈子], 대합 [하마구리:はまぐり:蛤], 먹물오징어 [스미이카:すみいか:墨烏賊], 모시조개 [코트셸:Cord Shell], 문어 [타코:たこ:蛸], 바닷가재 [이세에비:いせえび:伊勢海老], 바지락 [아사리:あさり:浅蜊], 방어 [부리:ぶり:鰤], 뱅어 [시라우오:しらうお:白魚], 병어 [마나가츠오:まながつお:真魚鰹], 복어 [후구:ふぐ:河豚], 붕어[후나:ふな:鮒], 빙어 [와카사기:わかさぎ:公魚], 삼치,[사와라:さわら:鰆], 새치[카지키:かじき:梶木], 새조개 [토리가이:とりがい:鳥貝], 새끼방어(마래미)[아니다:いなだ], 숭어 [보라:ほら:鯔], 아구[안코우:あんこう:鮟鱇], 연어 [사케:さけ:鮭], 옥돔 [아마다이:あまだい:甘鯛], 왕우럭조개[미루가이:みるがい:海松貝], 잉어 [코이:こい:鯉], 작은돔 [고다이:ごたい:小鯛], 전어[코노시로:このしろ:鮗], 조개관자 [카이바시라:かいばしら:貝柱], 차새우 [쿠루마에비:くるまえび:車海老], 참돔 [마타이:またい:真鯛], 청어알 [카즈노코:かずのこ:数の子], 피조개 [아카가이:あかがい:赤貝], 해삼 [나마코:なまこ:海鼠:], 해삼창자 [코노와타:このわた:海鼠腸], 히시가니(게)[히시가니:ひしがに:菱蟹]

2) 채소류 및 과일류

① 봄 (春)

3월

[채소] 땅두릅, 백합근, 브로컬리, 실파(아사츠키), 쑥갓, 양상추, 유채씨, 잠두콩(조생), 팽이버섯, 산당화(나무)
[과일] 감, 부사, 신고(배), 참외(하우스), 금귤, 한라봉, 천혜향, 딸기, 골드키위, 키위, 세지, 네이블(오렌지/미), 발렌시아(오렌지,미), 네이블(오렌지/이집트), 네이블(오렌지/스페인), 미네올라(미), 오로 블랑코(미), 스위티(이스라엘), 레몬(미), 레드글러브(칠레), 청포도(칠레), 크림슨(칠레), 바나나(필리핀), 자몽(미FC), 자몽(미,CA), 망고(필리핀), 아보가도(미국), 파파야(미국), 야자(미국)

부록

4월

[채소] 고사리, 두릅순, 땅두릅, 머위, 미나리, 백합근, 부추, 산초잎, 실파(아사쓰키), 생표고버섯, 죽순, 햇우엉

[과일] 감, 부사, 신고, 참외(하우스), 금귤(4월초), 한라봉, 청견, 진지향, 딸기, 골드키위, 키위, 청포도, 세지, 네이블(오렌지,미), 발렌시아(오렌지,미), 네이블(오렌지/이집트), 네이블(오렌지/스페인), 미네올라(미), 스위티(이스라엘), 레몬(미), 레드글러브(칠레), 청포도(칠레), 크림슨(칠레), 바나나(필리핀), 자몽(미FC), 자몽(미,CA), 키위(칠레), 망고(필리핀), 아보가도(미국), 파파야(미국) 파파야(미국) 야자(미국)

5월

[채소] 감자, 고사리, 두릅순, 머위, 미나리, 부추, 산초잎(기노메), 실파(아사쓰키), 양배추, 양파, 양송이, 잠두콩, 죽순, 파드득나물(미쓰바), 양하(묘가), 청대콩

[과일] 체리, 부사, 신고, 한라봉, 청견, 진지향, 청포도, 초여름 귤, 초여름 딸기, 세지, 네이블(오렌지), 발렌시아(오렌비,미), 네이블(오렌지/이집트), 레몬(미), 레드글러브(칠레), 청포도(칠레), 크림슨(칠레), 바나나(필리핀), 자몽(미FC), 자몽(미,CA), 체리(미), 키위(칠레), 키위(뉴질랜드), 망고(대만), 망고(필리핀), 아보가도(미국), 메론(미국), 파파야(미국), 야자(미국)

② 여름 夏

6월

[채소] 가지, 감자, 강낭콩, 동아, 미나리, 우리, 우엉, 양배추, 양파, 염교(락교), 오크라, 잠두콩, 차조기(시소), 피망, 호박

[과일] 생살구, 감잎, 부사, 신고, 노지(참외), 애플망고, 산딸기, 복분자, 앵두, 오디, 청포도, 데라웨어, 포도, 거봉, 자두, 살구, 천도(복숭아), 황도(복숭아), 백도(복숭아), 바찌, 세지, 네이블 (오렌지,미), 발렌시아(오렌지,미), 레몬(미), 레몬(칠레), 레드글러브(칠레), 청포도(미), 바나나(필리핀), 자몽(미,CA), 체리(미), 키위(칠레), 키위(뉴질랜드), 망고(대만), 망고(필리핀), 아보가도(미국), 메론(미국), 파파야(미국)

7월

[채소] 가지, 강낭콩, 동아, 순채(준사이), 생강, 우리, 오이, 오크라, 양파, 염교(락교), 양배추, 토마토, 피망, 호박

[과일] 자두, 살구, 부사, 신고, 노지(참외), 청포도, 데라웨어, 포도, 거봉, 천도(복숭아), 황도(복숭아), 백도(복숭아), 버찌, 블루베리, 세지(메론), 메론(굿뜨레), 발렌시아(오렌지, 미), 네이블(오렌지/칠레), 네리블(오렌지/호주7월말), 레몬(미), 레몬(칠레), 레드글러브(칠레), 청포도(미), 레드글러브(포도, 미), 바나나(필리핀), 체리(미), 키위(칠레), 키위(뉴질랜드), 망고(대만), 망고(필리핀), 아보가도(미국), 메론(미국), 파파야(미국), 야자(미국)

8월

[채소] 가지, 감자, 오이, 우리 감자, 국화잎, 생강, 양파, 양배추, 오크라, 우리, 토마토, 토란, 토란 줄기, 호박

[과일] 체리(8월 말), 무화과, 감, 아오리, 부사. 원황(배), 신고, 참외(노지), 청포도, 포도, 거봉, 자두, 천도(복숭아), 황도(복숭아), 백도(복숭아), 메론(굿 뜨레), 발렌시아(오렌지, 미), 발렌시아(오렌지/남아공), 네이블(오렌지/칠레), 네이블(오렌지/호주), 레몬(미), 레몬(칠레), 라임(미), 청포도(미), 레드 글러브(포도,미), 바나나(필리핀), 자몽(미, CA), 체리(미), 키위(칠레), 키위(뉴질랜드), 망고(대만), 망고(필리핀), 아보가도(미국), 아보가도(멕시코), 메론(미국), 파파야(미국), 야자(미국)

③ 가을(秋)

9월

[채소] 가지, 감자, 강낭콩, 금귤(스타치), 꽈리고추, 밤, 생강, 우리, 오크라, 양배추, 양하(묘가: 제주도에서 추석 전후), 자연송이 버섯(최고시기), 토마토, 토란, 토란 줄기

[과일] 감, 아오리, 신고, 귤(하우스), 용과, 매실, 청포도, 포도, 거봉, 자두, 천도(복숭아), 황도(복숭아), 백도(복숭아), 무화과, 굿뜨레(메론), 발렌시아(오렌지,미9월초), 오렌지(남아공/발렌시아), 오렌지(네이블/칠레), 네이블(오렌지/호주), 레몬(미), 레몬(칠레), 라임(미), 청포도(미), 레

드 글러브(포도, 미), 바나나(필리핀), 자몽(미, CA), 키위(칠레), 키위(뉴질랜드), 망고(필리핀), 석류(우즈백), 아보가도(미국), 아보가도(멕시코), 메론(미국), 파파야(미국), 야자(미국)

10월

[채소] 가지, 고구마, 나메코(담자균류에 속하는 버섯), 당근, 무, 브로콜리, 쇠귀나물(자고), 연근, 양송이, 오이, 오크라, 자연송이버섯, 토란, 토란줄기

[과일] 대봉, 연시, 감, 아오리, 홍로, 신고, 귤(하우스), 용과, 매실, 딸기, 청포도, 포도, 거봉, 영귤, 무화과, 굿뜨레(메론), 발렌시아(오렌지/남아공), 네이블(오렌지/칠레), 네이블(오렌지/호주), 레몬(미), 레몬(칠레), 라임(미), 청포도(미), 레드글러브(포도, 미), 바나나(필리핀), 자몽(미,CA), 키위(칠레), 키위(뉴질랜드), 키위(미), 망고(호주), 석류(우즈백), 망고(필리핀), 석류(미), 석류(이란), 아보가도(미국), 아보가도(멕시코/미국), 메론(미국), 파파야(미국) 야자(미국)

11월

[채소] 고구마, 금귤, 당근, 무, 순무(가부), 산마, 은행, 연근, 유자(11월 말에 1년치 보관), 쇠귀나물(자고), 차조기(시소), 토란, 토란 줄기, 파, 팽이버섯

[과일] 대봉, 연시, 감, 홍로, 부사, 신고, 귤(하우스)한라봉, 딸기, 골드키위, 키위, 청포도(11월초), 포도, 유자, 세지, 오렌지(발렌시아/남아공), 네이블(오렌지/칠레), 레몬(미), 청포도(미), 레드글러브(포도, 미), 바나나(필리핀), 키위(칠레/11월초), 키위(뉴질랜드), 망고(필리핀), 키위(미), 망고(호주), 망고(태국), 망고(필리핀), 석류(미), 석류(이란), 아보가도(뉴질랜드), 아보가도(멕시코), 파파야(미국), 야자(미국)

④ 겨울 (冬)

12월

[채소] 갓, 당근, 미즈나(겨잣과에 속하는 일본 특산 김칫거리), 미부나(도쿄에서 나는 순무의 일종), 브로콜리, 시금치, 쑥갓, 양배추, 팽이버섯

[과일] 대봉, 감, 부사, 신고, 귤(하우스:12월초), 귤(노지), 금귤, 한라봉, 천혜향, 골드키위, 키위, 발렌시아(오렌지/남아공), 네이블(오렌지/호주), 레몬(미), 바나나(필리핀), 자몽(미FC), 체리(뉴질랜드), 키위(뉴질랜드), 키위(미), 망고(호주), 망고(태국), 망고(필리핀), 석류(미), 석류(이란), 아보가도(뉴질랜드), 아보가도(멕시코), 야자(미국)

1월

[채소] 고추냉이, 갓, 등자(다이다이), 미즈나, 미부나, 쑥갓, 배추, 무, 연근, 백합근, 브로컬리, 순무, 생표고버섯, 쇠귀나물, 양파, 토란, 파, 파드득나물, 팽이버섯

[과일] 대봉, 감, 부사, 신고, 참외(하우스), 귤(노지), 금귤, 한라봉, 천혜향, 딸기, 골드키위, 키위, 세지, 네이블(오렌지/미), 메로골드(미), 오로 블랑코(미), 스위티(이스라엘), 레몬(미), 레드글러브(칠레), 청포도(칠레), 크림슨(포도,칠레), 바나나(필리핀), 자몽(미FC), 체리(뉴질랜드), 키위(뉴질랜드), 키위(미), 망고(태국), 망고(필리핀), 석류(미), 석류(이란), 석류(우즈백), 아보가도(뉴질랜드), 아보가도(멕시코), 야자(미국)

2월

[채소] 갓, 다이다이, 등자(다이다이), 미즈나, 미부나,무, 배추, 백합근, 브로콜리, 순무, 시금치, 쑥갓, 콜리프라워, 파드득나물, 팽이버섯

[과일] 대봉, 감, 부사, 신고, 참외(하우스), 귤(노지), 금귤, 한라봉, 천혜향, 딸기, 골드키위, 키위, 세지, 네이블(오렌지/미), 네이블(오렌지/이집트), 네이블(오렌지/스페인), 크림슨(포도,칠레), 메로골드(미), 미네올라(미), 오로 블랑코(미), 스위티(이스라엘), 레몬(미), 레드 글러브(칠레), 청포도(칠레), 바나나(필리핀), 자몽(미FC), 자몽(미,CA), 키위(미), 망고(태국), 망고(필리핀), 아보가도(멕시코), 파파야(미국), 야자(미국)

 부록

4. 졸업 작품전 전시를 위한 아스픽 코팅의 비결

1) 젤라틴의 개요

젤라틴은 동물이나 생선에서 추출된다. 동물과 생선의 뼈와 가죽, 힘줄, 머리, 내장 등에 포함된 콜라겐은 불용성 단백질인데 물과 함께 가열하여 분해해서 수용성으로 만든 유도 단백질이다. 양질의 재료를 사용하여 정제도가 높고 담색 투명한 것은 정제 젤라틴이며 식용 젤라틴이라고도 한다. 조잡한 공정에 의하여 제조되어 불순물이 다소 포함되어있고 짙은 색의 불투명한 것은 아교(갓풀)라고 하는데 소뼈, 돼지가죽 등이 사용된다. 아교는 원료를 석회수에 담가서 지방을 제거한 후 증기솥에서 가열하여 콜라겐을 젤라틴화하고 불순물을 제거하여 건조시킨 것이다. 건조방법에 따라서 박판상·입상·분말상 등이 있다. 젤라틴은 주성분이 단백질이지만 필수 아미노산 가운데 트립토판 등 영양상의 중요한 아미노산이 없거나 적어서 양질의 단백질이 아니므로 그 영양적인 가치는 적다. 하지만 리신을 많이 함유하고 있어 리신이 적은 밀가루 제품과 조합시키면 단백질로서의 효용가치가 높아진다.

2) 젤라틴의 일반 성상

요리에의 쓰임새 콜라겐으로부터 젤라틴으로의 변화는 Peptide 사슬의 가수분해 또는 펩타이드 사슬 사이의 염류결합이나 수소 결합의 계열에 의한다고 한다. 젤라틴은 찬물에서는 팽창하지만, 온수에서는 녹아서 Sol이 되고 다시 냉각을 시키면 젤리화가 된다. 이 원리를 이용해서 음식에 섞어서 일정한 모양을 만들어 굳혀서 사용한다. 젤리 모양으로 굳어질 때의 농도는 무엇을 넣느냐에 따라 약간씩 차이가 있으나 보통은 실온에서 3~4%의 젤라틴을 넣는다. 그리고 젤라틴은 60℃ 전후에서 젤리화가 잘되는 데 젤라틴을 찬물에 적셔서 물을 충분히 흡수시킨 후 물을 넣어서 중탕하여 가열한다. 젤라틴을 끓이면 성질이 변화하여 젤리화가 잘 이루어지지 않으므로 주의를 해야 한다. 젤라틴은 pH4 전후가 되면 등전점이 되어 깨끗하게 젤리화가 안 된다. 특히, 신맛이 강한 과일이나 과즙을 사용할 때는 주의가 필요하며 파인애플, 파파야, 키위, 무화과 등 단백질 분해효소를 많이 가진 과일들은 단백질 분해효소 효과에 의해 젤리화가 잘 이루어지지 않는다. 젤라틴의 응고작용은 농도와 온도의 영향을 많이 받는 데 젤라틴을 사용하는 작업의 적정온도는 10℃ 이하에서 하는 것이 좋다. 그리고 젤리화에는 시간이 걸리니 인내가 필요하다. 젤라틴은 요리에서 다양하게 사용되고 있으며 햄, 소시지 등의 응집력을 좋게 하는 결착제의 역할로도 사용된다. 어묵 등을 만들 때의 단백질 중량제로도 사용이 되고 아이스크림에 안정제 젤리 과자, 다식 음식, 냉동 디저트 등 그 사용도가 무궁무진하다.

3) 아스픽 코팅(Aspic Coating)의 기본기술

요리에서의 젤라틴은 크게 두 가지로 나눠 사용된다. 첫 번째는 요리에 직접 첨가를 하여 결착제나 팽윤제로 사용되고, 두 번째는 각종 요리 대회 등에 코팅(Coating)제로 사용되는 경우이다. 찬 요리 대회에서는 작품을 만들어 장시간 걸쳐서 전시해야 해서 요리가 마르는 것을 방지하기 위하여 부분적 또는 전체적으로 젤라틴을 처리해 주는데 이것을 아스틱 코팅이라 한다.

아스픽 코팅의 중요성은 각 작품의 원래 모양과 색감을 최대한 살려주고 일정 시간 유지시켜줘야 하는 데 있다. 각종 요리대회의 경우 전체적인 조화나 작품성 못지않게 중요시되는 부분이 코팅의 기술인데 일반적으로 생각할 때 접근하기도 쉽고 손쉬워 보이지만 실제는 많은 노력과 세심한 집중력, 정교함이 요구되는 작업이라 할 수 있다. 아스픽 코팅을 의해서 사용되는 젤라틴의 양은 〈찬물 1,000cc에 젤라틴 파우다 80g이 가장 좋다〉 거품기 등을 사용하여 가루를 완전히 풀어주고 뭉근한 불에서 천천히 끓여 준 다음 아주 고운 치즈 크로스에 걸러낸다. 일반적으로 사용할 때는 찬물에 젤라틴을 풀어 물을 중탕하여 녹여서 사용하거나 코팅제로 사용할 경우 미세한 기포가 발생할 수 있기 때문에 반드시 뭉근히 끓여 준 다음 걸러준다.

아스픽 코팅 비결 : 너무 묽게 젤라틴을 탈 경우에는 심사하는 전시 중에 작품이 녹아 내려서 큰 낭패를 볼 수도 있다. 반대로 너무 많은 양의 젤라틴을 탄 경우에는 준비 과정 증의 작업은 쉽지만, 작품 본래의 색상과 구성 등을 일정 부분 잠식해 버리는 역효과를 나타낼 수 있으며 튀틀림 현상이 대표적이다. 여기서 팁은 젤라틴을 사용 할 때 소량의 설탕 참가는 작품의 광택을 더해주는 효과가 있다. 이런 경우는 아스픽을 취급할 때 세심한 주의가 필요한데 설탕이 첨가된 젤라틴이 체온에 의해서 녹을 수 있기 때문이다. 이럴 때는 1회용 비닐장갑이나 아주 얇은 특수한 용도의 고무장갑을 사용하면 효과적이다. 아스픽 코팅은 스푼을 사용하면 기포가 생기는 것이 최대한 억제하기 때문에 좋다. 젤라틴의 온도가 너무 뜨거우면 쉽게 흘러 내린다. 반대로 차가우면 덩어리가 생겨서 작품을 망가트린다. 따라서 젤라틴의 온도는 미지근한 정도가 좋다. 그리고 코팅을 할 때는 항상 주위에 중탕을 위한 더운물이 준비되어 있어야 한다. 아스픽 코팅을 위한 최적의 환경조건은 실내온도가 너무 높지 않아야 하며 가까운 것에 냉장고와 냉동고가 있어야 한다. 또한. 작업대도 수평 상태가 유지된 흔들림이 전혀 없어야 한다.

(1) 접시와 실버 트레이 코팅

레스토랑 코스나 부페 코스의 실버 트레이의 바닥에 전체적인 아스픽 코팅을 필요로 할 때가 있다. 이때는 젤라틴을 끓여서 치즈 크로스에 거름다음 살짝 식혀 미지근한 상태에서 코팅한다. 젤리를 부을 때 스트레이너에 바쳐서 최대한 실버 트레이에 가까운 상태에서 부어 주는 것이 좋다. 기본적으로 실버 트레이에 가까운 상태에서 부어 주는 것이 좋다. 기본적으로 실버 트레이가 닿는 부분은 완전 수평이 되어야 하며 부득이 기포가 발생하였을 경우에는 종이 냅킨 등을 사용하여 기포를 제거해 낸다. 어느 정도 굳어서 이때 이동 중에는 반드시 수평을 유지해야 하고 냉장고 선반도 반드시 수평을 유지한다. 실버 트레이가 너무 뜨겁거나 젤리가 너무 뜨거울 경우 얼룩이 생길 수 있고 반대로 너무 차가운 젤리는 잔물결이 생길 수 있다.

(2) Gelatin Show Piece

젤라틴과 샐러드 오일을 1:1 비율로 섞어서 만드는 것으로 젤라틴의 온도는 미지근한 것이 좋으며 믹스 기를 준비하여 젤리를 먼저 넣고 돌리면서 샐러드 오일을 천천히 부어 주는 방식으로 만든다. 이때 젤리와 샐러드 오일의 농도가 중요한데 이것을 딱 맞추지 못하면, 분리되어 버려야 한다. 젤리에 기본적인 간을 해주어야 하며 떨어지거나 굳은 굳히고 남은 것은 재사용이 가능하나 이때는 믹스기에 돌려서 사용을 한다. 같은 방법으로 마요네즈와 크림을 사용해도 좋다.

(3) 요리 작품의 코팅

Appetizer, Soup, Fish 및 Main의 코팅은 우선 구 작품의 특성에 따라 젤라틴의 용매가 달라진다. 일반적으로 Poultry는 Dusk Consomme를 Meat 종류는 Beeg Consommme를 Fish는 Fish Bouillon이나 Saffron Bouillon을 사용한다. Pate, Terrine, Mousse, Salad 등 에피타이즈는 매우 다양하다. 전체요리를 만들고 아스픽 코팅을 하는 과정은 모든 코스의 작품이 비슷하다. 다만. 아스픽을 활용한 Vegetable Terrine과 Seafood Terrine 등의 경우 피시 부이안이나 채소 부이안 또는 토마토 주스나 홍 피망주스 등을 활용하는데 이런 경우 각 부용이나 주스 등에 젤라틴을 직접 타서 사용하는 것이 고유의 맛과 향을 잘 표현한다. 특히, 젤라틴의 군기를 잘 조절할 수 있어 야채 테린 등에서 너무 부드러워서 모양의 휨과 흐트러짐을 방지한다.

Cream Soup의 경우에는 모든 과정을 똑같이 처리하고, 완전히 식혀서 색을 보전해주고 젤라틴과 수프의 양을 잘 조절하여 수프 접시에 담고 굳히면 된다. 이때 비율이 매우 중요한데 비율이 일정치 않을 경우 수프는 충격에 의해서 모양의 흐트러짐과 빨리 건조될 수 있다. 콘소메 등 맑은 수프도 같은 방법으로 아스픽 처리를 하면 된다.

좀 더 세심하게 하자면 수프 위를 한 번 더 젤라틴 코팅을 해 준다. Main의 경우 미디움 레어 정도 구워 사용하기 때문에 윗부분의 아스픽 코팅도 중요하지만, 밑바닥 부분을 코팅해 주는 것도 중요하다. 윗부분은 스푼으로 코팅을 하고 아랫부분은 그대로 젤리에 살짝 담그는 방법이 좋다. 아랫부분도 2~3회 코팅을 해 줘야 심사 중이나 전시 중에 육즙이나 수분이 용출되는 것을 막을 수 있다. 또한, 주재료의 껍질 부분에 사용하는 젤라틴이나 Pate 등은 랩을 말아서 자르고 랩을 벗기지 않은 상태에서 코팅한 후에 랩을 벗겨서 깨끗하게 코팅이 완료된다. 이때 옆 부분은 별도로 코팅해 주면 된다. 생선의 경우에도 고기와 같은 방법으로 코팅한다.

(4) Garnish & Sauce Coating

Garnish와 소스 코팅 기법은 추가 점수를 얻는 포인트다. 가니쉬의 경우 대부분 크기가 작다. 이런 것도 일일이 코팅을 해 주어야 하는 데 이때 기포나 젤라틴이 쏠려서 덩어리지지 않게 하는 것이 Point이다. 스티로폼이나 무, 당근 등을 준비하고 하나하나 Garnish 품목들, 예로 당근이나 감자의 올리베트 각종 허브와 샐러드 야채류 등을 칵테일 픽이나 핀, 바늘 등에 꽂아서 아스픽을 입힌 다음 준비된 스티로폼 등에 꽂아서 냉장고에서 굳힌다. 이것도 3~4차례 반복해서 코팅해야 좋다. 냉동고를 사용하면 작업시간이 단축될 수 있으나 자칫하면 얼어서 실패할 수 있다. 소스는 수프와 마찬가지로 소스와 젤라틴을 섞고 이때에도 젤라틴 가루를 소스에 직접 타는 방법이 있다. 접시에 보기 좋은 구도로 뿌려 주면 된다. 소스가 굳고 나면 작은 붓 등을 사용해 투명 젤라틴을 한 번 더 코팅해 주면 장시간 동안도 잘 마르지 않는다.

(5) Dessert Coating

일반적으로 디저트 코팅은 앞서 다룬 요리작품 젤라틴을 사용한다. 다만. 과일을 이용한 테린, 소스에 있어서는 양을 달리하는 데 그 비율은 다음과 같다. 과일 테린 또는 몰드에 넣고 굳히는 디저트는 [화이트 와인 100g, 찬물 200g, 백설탕 100g, 판 젤라틴 17장]을 넣어서 아스픽을 만들면 좋다. 테린을 만들 경우는 먼저 몰드에 아스픽을 입히고 과일을 놓고 아스픽을 조금씩 넣어 주는 작업을 반복한다. 이때 너무 뜨거우면 몰드에 입혀진 젤라틴이 녹아내리며 너무 차가운 젤라틴을 사용한다면 덩어리가 지거나 심할 경우 작품이 두 동강이 난다. 디저트 소스의 경우는, 예로 라스베리 소스 만들 경우에 [라스베리 소스 1t, 젤라틴 용액 1/2t]를 섞어 사용한다.

부록

참고문헌

구본호. 기초 일본요리. 백산출판사, 2008
김소미 외. 우리 생선 이야기. 효일, 2002
김용억 외. 한국해산어류도감. 도서출판 한글, 2001
김원일. 정통 복어요리. 형설 출판사, 1994
김원일. 정통 일본요리. 형설 출판사, 1993
김원일. 정통 초밥요리. 형설 출판사, 1995
김종금. 현대 일본요리. 홍익제, 2000
나카무라. 정통일본요리. ㈜비앤씨월드, 2012
남춘화. 일본요리 [기술에서 예술까지]. 계몽사, 1997
남춘화. 초밥왕의 맛을 보여드려요. 여성자신, 2000
모수미 외. 조리학. 교문사, 2007
박병학 외. 일본식 문화의 이해. 형설출판사, 2012
박병학 외. 최신 일본요리. 형설출판사, 2013
박병학. 기본 일본요리. 형설 출판사, 1997
박병학. 일본음식의 산책. 형설출판사, 2006
박원기. 생선을 먹으면 머리가 좋아진다. 동아 출판사, 1991
박종희 외. 일본요리 입문. 서울외국서적, 2005
서재실 외. 최신일식 복어요리. 백산출판사, 2010
설성수. 일본요리 용어사전. 다형출판사, 1999
성기협 외. 최신일본요리. 백산출판사, 2013
손정우 외. 조리과학. 교문사, 2008
송은주 외. 2017 조리기능사 필기. 에듀엘, 2017
안기정 외. 똑똑하게 풀어 쓴 조리원리. 지식인, 2016
안효주. 이것이 일본요리다. 샘터, 1998
오혁수. 일본요리. 백산출판사, 2002
유태종. 식품보감. 도서출판 서우, 1995
유태종. 음식궁합. 아카데미북, 1998
유택용. 일본요리, 도서출판 효일, 2006
임홍식 외. 일식, 복어, 중식조리기능사. ㈜텔리쿡, 2002
전경철. 일식, 복어 조리산업기사 실기시험. 크라운출판사, 2017
정대철 외. Chef,s 일식 복어요리. 백산출판사, 2018
정영도 외. 식품조리 재료학. 지구문화사, 2000
정재홍. 양식, 중식, 일식, 복어조리기능사. 형설출판사, 2002
정청송 외. 조리과학 기술. 도서출판G.C.S, 1999
조영제. 생선회 100 즐기기. 한글, 2001
하숙정. 일식, 중식, 복어 조리기능사. 도서출판 문화사, 1994
한국사전. 식품재료사전. 한국사전연구사, 1997
한국외식정보. 우동백과. 한국외식정보, 1998
한은주. 조리기능사 필기에 미치다. 성안당, 2019
한정혜. 일식, 중식, 복어요리. 성안당, 1995

일본요리 기술대계 총 6권. JAPAN ART, 2001
阿部孤柳, 日本料理技術大系 技術資料Ⅰ～Ⅲ,ジャパンアート株式會社社, 2001
阿部孤柳, 日本料理技術大系 定番料理Ⅰ～Ⅱ,ジャパンアート株式會社社, 2001
阿部孤柳, 日本料理技術大系 獻立料理集, ジャパンアート株式會社社, 2001
阿部川村梅料理研究會,梅料理, 南部川村役場うめ課, 2001
국가직무능력 표준. www. ncs.co.kr. 교육부, 2018
NAVER 지식백과
- 쿡쿡 TV 음식백과 - 한국민족문화대백과 - 식품과학기술대사전
- 두산백과 - 한국언어지도 - 한의학대사전 등

최신 출제기준·NCS 교육 과정 완벽 반영

한식조리기능사 필기시험 끝장내기

한은주 지음 I 조리교육과정연구회 감수 I 456쪽 I 23,000원

합격 보장
- ✓ 기출문제를 철저히 분석·반영한 핵심이론 수록
- ✓ 정확한 해설과 함께하는 예상적중문제 수록
- ✓ CBT 상시시험 대비 복원문제 및 실전모의고사 수록

이 책은 새로운 출제기준을 완벽 반영한 핵심이론과 예상적중문제, 실전모의고사를 수록하여 수험자가 문제 풀이를 통해 한식조리기능사 필기시험에 완벽하게 대비할 수 있도록 구성하였다. ㈜성안당의 『한식조리기능사 필기시험 끝장내기』로 기초부터 마무리까지 완벽한 학습을 통해 합격의 꿈을 이룬다.

최신 출제기준·NCS 교육 과정 완벽 반영

한식조리기능사 실기시험 끝장내기

한은주 지음 I 조리교육과정연구회 감수 I 160쪽 I 18,000원

합격 보장
- ✓ 新 출제기준 완벽 반영 지급재료, 요구사항, 유의사항 모두 100% 반영
- ✓ 감독자의 시선에서 본 체크 POINT + 누구도 알려주지 않는 한끗 Tip 수록
- ✓ 31가지 모든 메뉴에 대한 상세하고 자세한 과정 설명

한식은 흔하고 친근해서 쉽게 생각하지만 알고 보면 재료 손질부터 마지막 고명 얹기까지 과정마다 정성이 듬뿍 들어가는 쉽지 않은 요리이다. 한식조리기능사 실기시험 합격률이 30%에 머무르고 있는 이유가 바로 여기에 있다. 이에 이 책은 2020년 출제기준에 맞춰 31가지 모든 실기시험 과제의 조리과정을 자세하게 설명하였고, 상세한 과정 사진을 제공하여 한식조리기능사 실기시험을 완벽하게 대비할 수 있도록 구성하였다.

최신 출제기준 · NCS 교육 과정 완벽 반영

양식조리기능사
필기시험 끝장내기

장명하 · 한은주 지음 | 조리교육과정연구회 감수 | 480쪽 | 23,000원

합격보장

✓ 기출문제를 철저히 분석 · 반영한 핵심이론 수록
✓ 정확한 해설과 함께하는 기출문제 수록
✓ CBT 상시시험 대비 복원문제 및 모의고사 수록

이 책은 NCS를 활용한 현장직무 중심으로 개편된 새로운 출제기준을 완벽 반영하여 핵심이론과 예상적중문제, 실전모의고사를 수록, 수험자가 새로워진 양식조리기능사 필기시험에 철저하게 대비할 수 있도록 구성하였다. ㈜성안당의 『양식조리기능사 필기시험 끝장내기』로 기초부터 마무리까지 완벽한 학습을 통해 합격의 꿈을 이루자.

최신 출제기준 · NCS 교육 과정 완벽 반영

양식조리기능사
실기시험 끝장내기

장명하 지음 | 조리교육과정연구회 감수 | 184쪽 | 18,000원

합격보장

✓ 新 출제기준 완벽 반영 지급재료, 요구사항, 유의사항 모두 100% 반영
✓ 합격에 필요한 키포인트 누구도 알려주지 않는 한끗 Tip 수록
✓ 자세하고 정확한 레시피 모든 메뉴에 대한 상세하고 자세한 과정 설명

양식조리기능사 실기시험은 두 과제를 제한된 시간 내에 만들어 내는 시험이다. 직접 조리를 해야 하는 시험이기 때문에 단순히 암기만으로는 합격할 수 없다. 이 책은 2021년 개정된 30가지 실기과제에 대한 지급 재료와 요구사항, 수험자 유의사항을 100% 반영, 상세한 과정 설명을 통해 구독자의 이해를 돕고, 과제별 합격 Tip을 수록하여 합격에 한 발 더 가까워질 수 있도록 학습률을 높였다.